직무 면접
수험서

전) 삼성전자 임원이 알려주는 전공, 직무면접용

반도체 공학 개념 핵심정리

Basic Semiconductor Physics and Devices

박재우 공학박사

삼성전자 임원

KAIST 전기 및 전자 공학부 초빙교수 역임

전) 삼성전자 임원이 알려주는 전공, 직무면접용

반도체 공학 개념
핵심정리

인 쇄 : 2022년 10월 11일 초판 1쇄
발 행 : 2022년 10월 17일 초판 1쇄

저 자 : 박재우
발행인 : 송 준
발행처 : 도서출판 홍릉
주 소 : 01093 서울시 강북구 인수봉로 50길 10
등 록 : 1976년 10월 21일 제5-66호

전 화 : 02-999-2274~5, 903-7037
팩 스 : 02-905-6729
e-mail : hongpub@hongpub.co.kr
http://www.hongpub.co.kr
ISBN : 979-11-5600-072-3(93000)

정 가 : 19,000원

직무 면접 수험서

전) 삼성전자 임원이 알려주는 전공, 직무면접용

반도체 공학 개념 핵심정리

박재우 공학박사
삼성전자 임원
KAIST 전기 및 전자 공학부 초빙교수 역임

저자 직강
반도체 공학 교육
동영상 포함
(QR코드)

부록
삼성전자 임원일 때
면접관하면서 느낀
"임원 면접 준비"
팁

Basic Semiconductor Physics and Devices

도서출판 홍릉

이 책은 누구에게 필요한가?

저자가 삼성전자, 삼성디스플레이 임원 재직시 매년 신입, 경력 사원 입사 면접관으로 면접장에 들어가보면 GSAT만 열심히 공부했지, 반도체 공학의 기본도 공부하지 않고 면접에 들어온 취준생들을 보며 안타까운 생각이 많이 들었다. 반도체의 기본도 모르는 신입사원을 현업에 투입할 수는 없다고 저자는 생각했다.

1 반도체, 디스플레이기업에 입사를 목표로 하는 취준생

이 책은 반도체, 디스플레이기업 취업을 준비하는 모든 분들을 위한 책이다. 직무면접용 특히 반도체 전공면접용으로 짧은 시간 안에 개념을 완벽히 이해 할 수 있도록 핵심만 정리하였다. 수년 전 배웠던 반도체공학을 짧은 시간 안에 개념 파악이 가능하며. 이미 많은 취준생들이 이 책의 근간이 되는 저자의 온라인 강의(앤디솔(NDSol))를 듣고 반도체, 디스플레이기업 및 외국 반도체 장비 회사에 많이 합격하였다.

2 대학생, 대학원생, 이과 고교생

이 책은 반도체 공학을 배우는데 원서가 너무 어려워 이해가 안 되는 과목 수강자나 앞으로 전공을 하고자 하는 이공계 학생들을 위한 책이기도 하다. 원서를 읽기 전이나 읽는 동안에 이해가 안 되면 한번 보는 것을 추천한다.

3 반도체가 궁금한 과학적 상식을 가진 일반인

반도체 개념을 확실히 잡을 수 있도록 최대한 쉽게 쓴 책이다.

이 책의 구성은 반도체 공학책의 바이블인 Neamen과 Streetman책을 기본으로 참고하였고 "반도체란 무엇인가부터 페르미-디락분포(페르미 레벨) 그리고 n-type, p-type 원리, p-n 다이오드, MOSFET 동작원리 및 short channel effect"까지 구성되어 있으며 짧은 시간에 깊이있게 이해할 수 있도록 저자의 30년 넘는 반도체 경험과 노하우를 정리하였다. 차근차근 소설처럼 읽어보기 바란다. 읽다 보면 본인도 모르게 무릎을 탁 칠 것이다. 왜 지금까지 반도체

를 어렵게 배웠는지

그리고 반도체공학을 공부해보거나 전공한 사람이라면 Neamen책이나 Streetman책을 한번쯤 완벽하게 이해하고 넘어가고 싶을 때가 있다.

그럼 이 책을 먼저 한번 보시라.

이 책을 2~3번 정도 읽으면 반도체 기업 취업 기술 면접이 하나도 두렵게 느껴지지 않을 것이다.

면접에서 반도체 공학관련 질문이 들어오면 가장 중요한 것은 반도체에 대해서 기본 이론을 정확하게 이해하고 있는지가 중요하다.

예를 들어 면접관이 현업에서 발생하는 불량을 입사 지원자에게 물어 볼 수 있다. 현업 엔지니어도 해결 못해서 생긴 불량인데 지원자가 어떻게 해결책을 면접자리에서 제시할 수 있을까?

하지만 불량관련해서 반도체 공학에서 배운 기본 개념을 논리적으로 설명해가면 면접관은 불량에 대한 해답을 기대하기 보다는 지원자의 "문제 해결 접근 방식"이 "반도체 기본 개념"을 바탕으로 설명하는 것을 보고 좋을 점수를 줄 것이다.

이 책이 반도체의 어려운 개념들을 이해하기 쉽게 만든 책이니 부디 취업준비 또는 반도체 공학 원서가 어렵다고 느낄 때 많은 도움이 되기를 빈다.

질문이 있을 때

hbtpark@ndsol.co.kr 또는 www.ndsol.co.kr로 접속하여 회원 가입 후 "고객센터/Q&A"에 질문을 남겨 주시기 바랍니다.

목차

CHAPTER 1 반도체의 기초

CHAPTER 2

p-n diode 동작 원리

CHAPTER 3

MOSFET 동작 원리와 Short Channel 효과

부록 임원(인성) 면접은 어떻게 준비해야 하나?

CHAPTER

1

반도체 기초

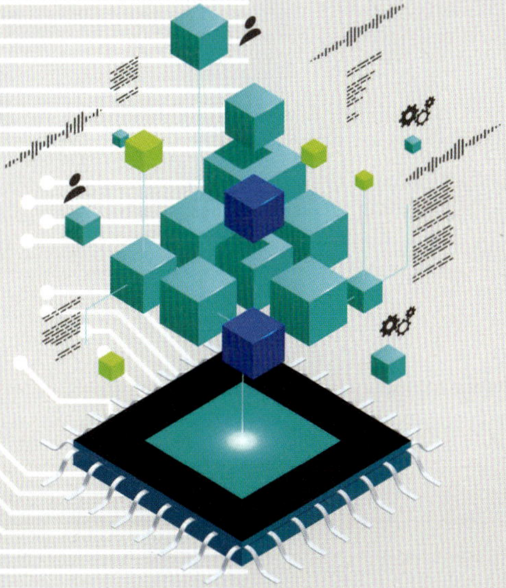

참고서적 – 반도체 공학 바이블 원서

Donald A. Neamen ; Semiconductor Physics and Devices

Ben G. Streetman ; Solid State Electronic Devices

1-1 반도체란 무엇인가? 정의

기존 정의

전공책에 보면 반도체(semiconductor)란 도체(금속, metal)과 절연체(insulator)의 중간 정도의 전도도(conductivity)를 가진 물질이라고 소개되어 있다. 특정한 범위의 전도도 값 (10^{-4}~$10^{6}\,\Omega cm$ = 비저항 = 1/전도도)을 나타내는 물질이라고도 소개 되어있는데 외울 필요가 없다. 또 다른 전공책은 특정한 에너지 밴드갭을 가진 물질이라면서 아래 그림과 같이 금속은 에너지 밴드갭이 존재하지 않고 반도체는 0.17~3eV 정도 그리고 부도체는 3eV 이상의 에너지 밴드갭을 가진 물질이라고 소개되어 있다.

위의 설명은 반도체를 40년 공부한 저자도 머리가 갸우뚱거리는 정의이다. 그냥 외우라고 할 정도의 정의로만 보인다.

저자의 반도체 정의는 "전자(electron)와 홀(hole)의 농도(concentration, cm^{-3})를 인위적으로, 자유자재로 조절할 수 있는 물질"을 반도체라고 정의할 수 있다.

여기서 "인위적으로, 자유자재로 조절한다"하면 대표적으로 반도체 기업에서 가장 많이 사용하는 ion-implantation(이온주입기)라는 장비를 이용하면 n-type 또는 p-type 불순물(impurity) 도핑을 통하여 전자 또는 홀의 농도를 자유자재로 조절(ex 10^{15}~$10^{21}cm^{-3}$)할 수 있다. 여기서 자유자재로 전자와 홀의 농도를 조절할 수 있는 물질은 도체(금속), 반도체, 부도체 중 반도체만 가능하다.

아래 그림 1-1 **금속**의 경우 **에너지 밴드갭(energy bandgap)이 존재하지 않아** 아무리 n-doping, p-doping을 하여도 전자 또는 홀의 농도를 변화시킬 수가 없다. **부도체**의 경우는 밴드갭이 너무 커서 또한 전자, 홀의 농도를 조절할 수 없다.

하지만, **반도체**의 경우 n-doping, p-doping을 통해 전자와 홀의 농도 조절이 얼마든지 가능하다.

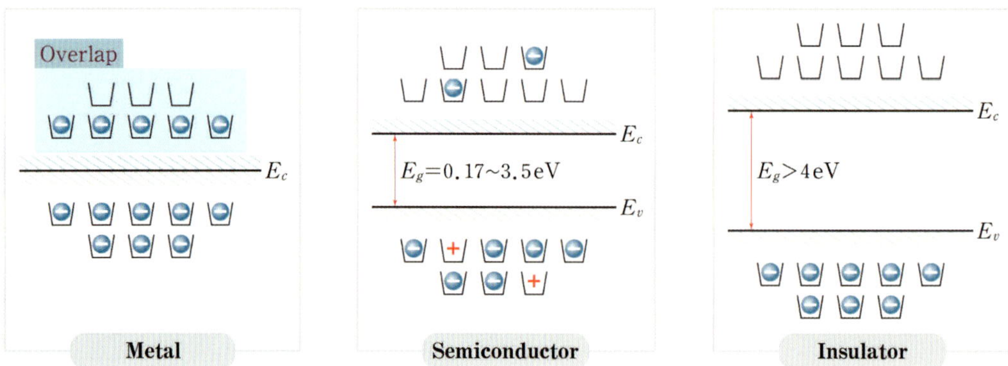

	Metal	Semiconductor	Insulator
Energy band gap	None	0.17~3.5eV	> 4.0eV
Example	Cu, Al, Au	Si, InSb, GaN, SiC	Si_3N_4(5.0eV) SiO_2(9.0eV)
n, p type doping	Impossible	Possible	Impossible

그림 1-1 도체, 반도체, 부도체 에너지 밴드갭 및 밴드갭 크기

그러면 왜 사람들은 반도체를 이용하여 전자와 홀의 농도를 조절하려고 할까?

우리는 반도체내의 전자와 홀을 이용하여 전도도(σ)를 조절해서 전류를 생성하는 것이 최종 목적이다. MOSFET에서 가장 큰 숙제는 소자의 크기를 가장 최소화로 집적화 하지만 전류는 최대화로 끌어올리는 것이다.

전류는 아래의 공식처럼 전자의 농도(n), 홀의 농도(p) 그리고 전자와 홀의 mobility(이동도)와 전기장의 세기(E)로 구성되어 있다.

이동도 값은 Si의 경우 정해져 있으며(전자의 이동도 μ_e: 1350, 홀의 이동도 μ_h: 490cm^2/Vsec), 전자와 홀의 농도를 높게 하면 전류 값이 커지게 되어있다. 기본적인 반도체를 정의하는데 일단 여기까지만 알고 있자. (**참고** 이동도의 경우 최근 Si의 channel을 strained SiGe으로 대체하거나 Source, Drain 양쪽에 SiGe을 추가하여 이동도를 올릴 수 있다)

$$J_{drift} = q(n\mu_e + p\mu_h)E = \sigma E$$

J_{drift}: 전계 전류 밀도, σ: 전도도, μ: 이동도, E: 전기장(Electric field)

조금 더 자세히 설명하면 금속은 위에서 설명한 것처럼 에너지 밴드갭이 존재하지 않아 인위적으로 n-doping, p-doping을 해도 효과가 안 나타난다. 왜냐하면 금속의 경우 전자의 농도가 기본적으로 너무 높아($>10^{22}$cm^{-3}) 아무리 n-doping 하여도 전도도(σ)의 변화가 없고 p-doping을 하여도 변화가 없다.

부도체의 경우는 반대로 에너지 밴드갭이 너무 커서 n-doping, p-doping을 하여도 전도도의 변화가 없다.

가장 대표적인 경우가 gate 절연막(insulator)으로 사용되는 **SiO_2(실리콘 옥사이드)의 경우 에너지 밴드갭이 약 9eV이다.** 에너지 밴드갭이 너무 커서 완벽한 절연체(부도체)이다.

여기에 아무리 n-doping, p-doping을 하여도 뜨거운 목욕탕에 찬물 한 바가지 넣은 것처럼 전자, 홀 농도 조절에 전혀 미동도 하지 않는다. 만약에 SiO_2의 에너지 밴드갭이 약 3eV 정도였다면 n-doping, p-doping을 통해 전도도 조절이 가능해서 절연막으로 사용되지 못하고 인간은 또다른 완벽한 절연막을 찾아 헤맸을 것이다. 최초 반도체 발명은 Ge으로 시작했지만 현재 Si으로 반도체가 대변되는 이유는 Si을 이용하면 산화 공정을 통해 자연스럽게 완벽한 게이트 절연막 SiO_2(Eg=9eV)를 형성할 수 있기 때문이다. Ge의 산화물인 GeO의 에너지 밴드갭은 2.6eV이고 GeO_2 에너지 밴드갭은 5.8eV라 SiO_2보다는 완벽한 절연체라 할 수 없다.

따라서 그림 1-2와 같이 반도체의 경우 적정한 에너지 밴드갭을 가지고 있어 n-doping, p-doping을 통하여 얼마든지 자유자재로 전자와 홀의 농도를 조절할 수 있다.

그러면 여기서 어느 독자의 질문이 왜 반도체 경우 전자와 홀의 농도가 조절이 가능하고 부도체의 경우 불가능할까라고 질문을 던질 수 있다.

답은 결국 위의 식처럼 전류를 생성하여 전도도(σ)를 높이는 것이 최종 목적인데, 반도체의 경우 n-doping, p-doping을 하면 n-dopant(N_d)와 p-dopant(N_a)가 반도체의 경우 Conduction band와 Valence band 아주 가까이 존재하여 실온(300K)에서도 n-dopant의 전자(donor level)들이 Conduction band로 올라가 전류를 일으키고 Valence band에 존재하는 전자가 p-dopant자리(acceptor level)로 올라가면서 Valence band에 남겨진 홀(Hole)들이 전류를 야기시키는 것이다. 하지만 부도체의 경우 에너지 밴드갭이 너무 커서 n-dopant, p-dopant의 위치가 Conduction band와 Valence band와 너무 멀어 실온(T=300K) 정도의 열에너지로 턱없이 부족하고, 온도를 올린다 해도 전자나 홀의 여기(excitation)가 쉽게 이루어지지 않는다.

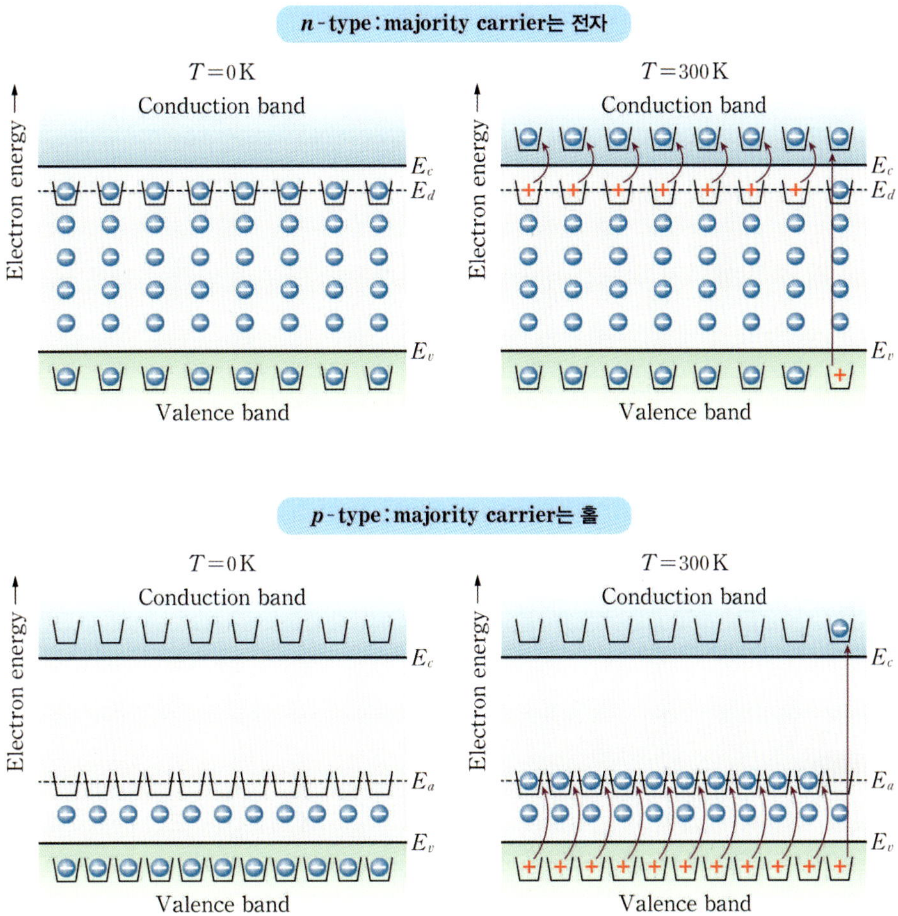

그림 1-2 전류를 생성시키는 가장 쉬운 방법: n-doping, p-doping을 통해 전도도(σ) 조절이 가능

여기서 한가지 Tip을 드리면 부도체의 경계가 점점 무너지고 있다는 것이다. 예전에는 3eV 이상이면 부도체라고 알려졌는데, 약 20년 전부터 SiC, GaN의 경우, 에너지 밴드갭이 3eV 이상이지만 Conduction band 또는 Valence band 아주 가까이 위치할 수 있는 doping 물질(N_d, N_a)을 찾아서 전자와 홀의 농도를 잘 조절하여 반도체로 아주 잘 사용되고 있다. 최근에는 GaO라는 에너지 밴드갭이 5eV 정도되는 물질로도 전자의 농도를 조절하여 반도체화 하였다는 논문도 나와 있어 예전에 부도체 경계로 알려진 3eV의 에너지 밴드갭 값이 점점

커지면서 그 경계값이 무너지는 것을 보면 인간의 과학적 도전정신이 얼마나 대단한지 알 수 있다. 본 저자도 2008년 기존에 부도체로 알려진 TiO_2(산화티타늄, $E_g > 3.0$eV)에 적절한 n-doping을 하여 반도체하고 세계 최초로 transistor(TFT: Thin Film Transisitor)를 만들어 논문으로 발표한 적이 있다.

하지만 SiO_2의 경우 에너지 밴드갭이 9eV나 되기 때문에 아무리 인간이 높은 도전정신을 가졌다고 해도 아마 절대 반도체화하지는 못할 것이라 믿는다. 그만큼 SiO_2는 그야말로 어마어마하게 큰 에너지 밴드갭 값($E_g = 9$eV)을 가지고 있어 지금도 여전히 가장 완벽한 Gate 절연막(insulator)으로 사용되고 있다.

동영상 링크 : https://www.youtube.com/watch?v=AyyYqqe3fFM
유튜브 검색 키워드 : 반도체란 무엇인가?, 앤디솔

Quiz

절대온도 $T = 300$K(=**섭씨** 27°C, where $T(K) = °C + 273$)**에서** n-type **또는** p-type doping**을 하지 않은 순수** intrinsic(**진성**) Si**의 경우 반도체일까 부도체일까**?

✪ intrinsic Si: 도핑이 전혀 되지 않은 순수 Silicon

답 답은 부도체이다.

독자들은 일반적은 Si하면 무조건 반도체라 생각한다. 거기다 에너지 밴드갭(E_g)의 크기도 1.1eV정도로 위에서 정의한 것처럼 반도체에 해당한다.

여기에 함정이 있기 때문에 n-type 또는 p-type doping을 하지 않은 순수 intrinsic(진성) Si이라고 단서를 달았다.

반도체에 해당하는 에너지 밴드갭 값을 가졌다 하더라도 도핑을 하지 않으면 전류를 일으키지 못한다. 즉 그 자체는 부도체에 해당한다. 그나마 반도체에 해당하는 에너지 갭(0.17~ 3.5eV)을 가져야 도핑을 통해 전류를 일으킬 수 있는 거다.

위에서 설명한 것처럼 전류를 생성하려면 전도도 조절이 가능해야 하고 그러기 위해서는 전자와 홀의 농도 조절이 가능해야 하는데, 방법은 적절한 n-doping, p-doping을 통해서 Conduction band에 전자를 올라가게 하거나 Valence band에 홀을 남겨지게 해서 전류를 생성시키는 것이다.

도핑을 전혀 하지 않은 intrinsic Si의 경우 Conduction band로 올라갈 수 있는 전자의 source는 Valence band에 존재하는 많은 전자들이 있기는 하다. 하지만 앞으로 배울 Fermi-Dirac 분포식에 의하면 300K에서 Valence band에서 전자가 Conduction band로 올라갈 수 있는 전자의 개수는 약 $1.5 \times 10^{10} cm^{-3}$ 정도(섹션 1-6에서 다시 설명)인데 이정도의 전자 개수로는 전류를 일으키는데 턱없이 부족하다. 위 전류 밀도(J) 공식에 대비해서 풀어보면 거의 noise수준의 전류(~pA)밖에 생성하지 못한다. 따라서 순수 Si은 부도체이다. 혹시 어느 독자가 온도를 올리면 Valence band에서 더 많은 전자가 올라가서 반도체화 할 수 있지 않느냐 다시 물어보겠지만 그러기 위해서는 어마어마한 온도(ex 10,000K = 9,727°C)를 올려야 하기 때문에 반도체로 사용은 가능하겠지만 그렇게 높은 온도를 올리는게 무슨 의미가 있는가? 전도도를 올리는 가장 쉬운 방법은 섹션 1-7에서 배울 n-type, p-type화를 통해 전도도를 올리는 것이다.

동영상 링크 : https://www.youtube.com/watch?v=DB-EFgIRB20
유튜브 검색 키워드 : 반도체란 무엇인가?, 퀴즈의 답, 앤디솔

앞으로 배울 것들

1. Valence band에서 전자가 올라가 홀이 남겨진다?

2. Fermi-Dirac 분포식에 의하면 300K에서 Valence band에서 전자가 Conduction band로 올라갈 수 있는 전자의 개수는 약 $10^{10}cm^{-3}$ 정도?

3. 에너지 밴드갭은 어떻게 생성되지?

4. n-type, p-type 반도체가 되는 원리?

> 정리
> 반도체(semiconductor)의 정의는 **전자(electron)와 홀(hole)의 농도(concentration cm^{-3})를 인위적으로 자유자재로 조절할 수 있는 물질. 그러기 위해서는 물질의 에너지 밴드갭이 적절한 값(0.17~3.5eV)을 가져야 한다.**

꼭 기억해야 할 것

앞으로 배울 Fermi-Dirac 분포식에 의하면 intrinsic Si의 경우 (at $T=300K$) Valence band에서 전자가 Conduction band로 올라갈 수 있는 전자의 개수(농도)는 약 $10^{10}cm^{-3}$ 정도인데 이정도의 전자 개수로는 전류를 일으키는데 턱없이 부족하다. 위 전류 밀도(J) 공식에 대비해서 풀어보면 거의 noise수준의 전류(~pA) 밖에 생성하지 못한다.

1-2 에너지 밴드갭(E_g)은 무엇이고 생성 원리는 어떻게 되는가?

우리는 바로 전 섹션 1-1에서 "반도체 정의"는 "전자와 홀의 농도를 자유자재로 조절이 가능한 적절한 에너지 밴드갭을 가진 물질이다"라고 정의하였다.

그런데 여기서 에너지 밴드갭(Energy bandgap: E_g)이라는 용어가 생소한 분들이 있을 것이다.

반도체 공학 전공책에 보면 그림 1-3과 같은 에너지 밴드갭 그림으로 책 전체 그림의 약 ~50% 이상 채워져 있다. 특히 그림 1-3의 4종류 그림 중에 1-3(a)와 1-3(d) 그림이 반도체 공학책에서 가장 많이 볼 수 있는 그림이다. 그림 1-3(b)는 전자의 유효질량(effective mass)를 설명할 때 정도만 필요한 그림이고 그림 1-3(c)는 페르미-디락 분포(Fermi-Dirac Distribution)를 설명할 때 주로 사용하는 에너지 밴드갭 그림이다.

이와 같이 반도체는 에너지 밴드갭을 해석하는 공학(에너지 밴드갭 엔지니어링)이기 때문에 에너지 밴드갭을 모르면 반도체를 전혀 이해할 수 없다.

그럼 에너지 밴드갭은 무엇이고 생성 원리는 어떻게 되는가?

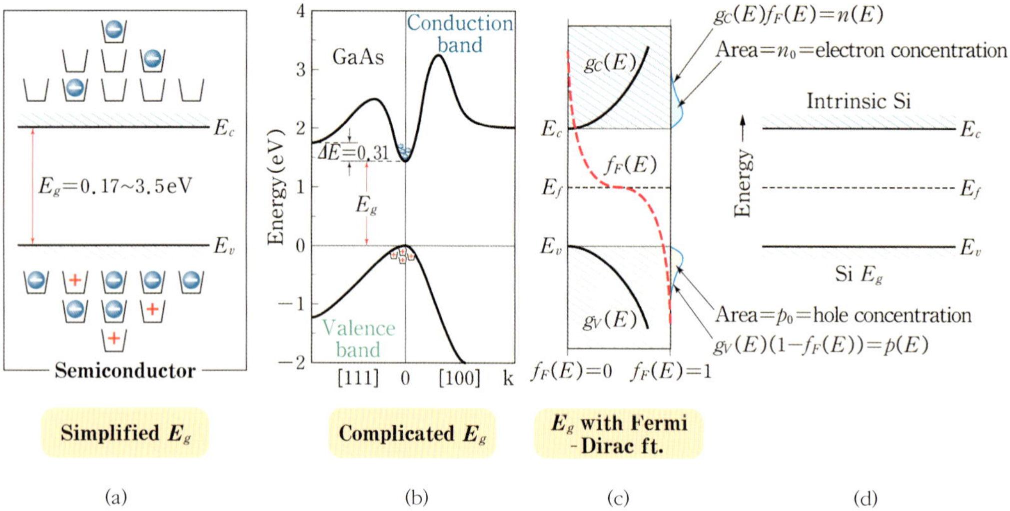

그림 1-3 반도체 공학 전공책에 나오는 여러 가지 에너지 밴드갭 모양(a), (b), (c), (d)

우선 전공책 서론 부분에 보면 "에너지 밴드갭"을 설명하면서 그림 1-4와 같은 에너지 밴드갭 그림을 볼 수 있다.

저자도 처음 반도체공학을 배우던 학부 2학년 때에 그림 1-4의 중요성을 깨닫지 못하고 그냥 지나친 것 같다. 당시엔 무조건 반도체 관련 공식만 외우고 값을 대입하고 문제만 풀었던 기억이 있다.

하지만 "에너지 밴드갭 생성원리" 그림 1-4를 그냥 지나치지 말고 완벽히 이해하고 넘어가면 나중에 반도체공학을 좀 더 깊이 이해하는데 큰 도움이 될 것이다.

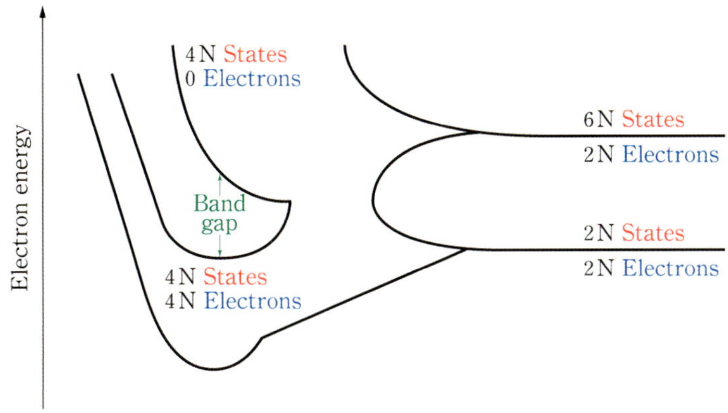

그림 1-4 반도체 공학 전공책에 나오는 에너지 밴드갭 생성 원리

우선, 에너지 밴드갭을 이해하기 전에 우선 고등학교 물리 시간이나 대학교 현대물리 시간에 배운 원자 모델부터 잠시 다시 이해를 하고 시작을 해야 한다.

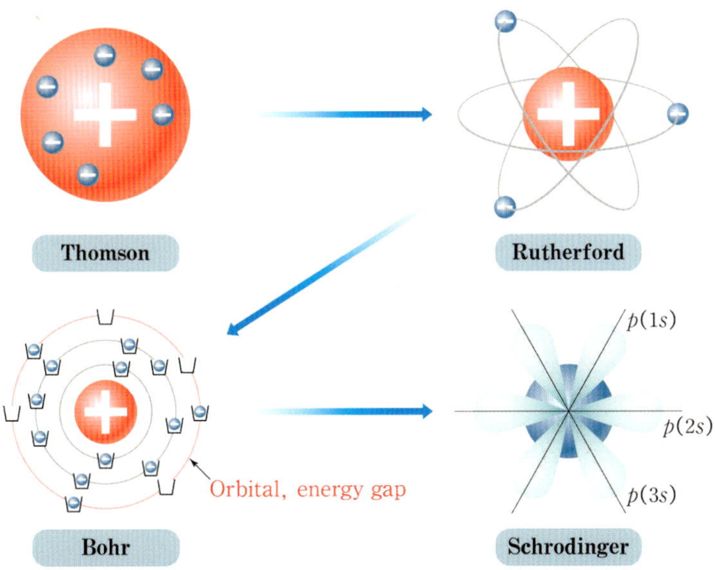

그림 1-5 원자 모델의 변천사

그림 1-5에서 톰슨과 러더포드 모델은 원자 모델을 초기 제안이었으나 현재는 틀린 모델이고 보어 모델부터 현대 원자 모델에 적용되기 시작하였다.

보어가 처음으로 전자의 준위(energy level) 또는 궤도(orbital)를 언급하였고 에너지가 낮은 궤도에서 높은 궤도 또는 반대로 전자가 이동할 때는 전자의 에너지 준위 차에 따른 에너지 즉, 전자기파를 내놓거나 필요하다고 주장하였다. 여기 보어 모델을 좀더 자세히 보면 원자핵을 중심으로 여러 전자 궤도가 보인다. 궤도와 궤도 사이를 우리는 에너지 갭이라 부른다.

이미 단일 원자에서도 에너지 갭이 궤도와 궤도의 갭이 존재해서 "에너지 갭"은 여기서부터 시작되었다고 할 수 있다.

그림 1-5에서 슈뢰딩거 원자 모델의 경우는 원자 모델로는 훨씬 더 정확한 모델이긴 하지만 반도체 공학을 전공하는 사람들이라면 슈뢰딩거 모델까지 알 필요는 없다고 생각한다. 혹시 반도체 이론 물리에 관심이 있거나 전공을 한다면 필요할지도 모르지만 저자도 보어 모델까지 정도만 이해하고 있고, 앞서 그림 1-3(b)의 complicated Eg 모델은 아직도 완벽히 이해를 못하고 있다. 따라서 반도체 기업체에서 실무를 하는 데는 1-3(b)와 같은 에너지 밴드갭 모델은 그다지 필요한 모델은 아니다.

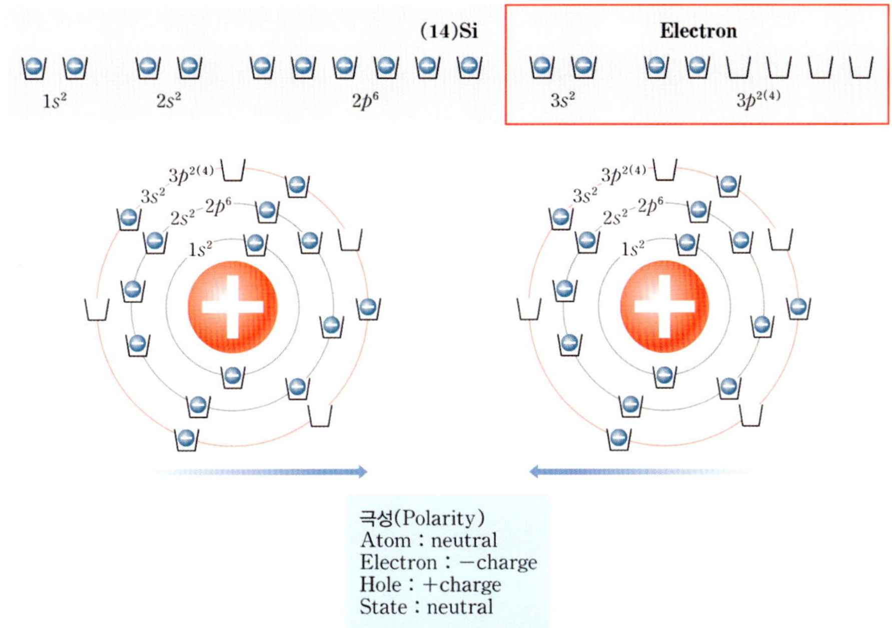

그림 1-6 에너지 밴드갭 생성 원리

위 그림 1-6은 보어 모델에 약간의 슈뢰딩거 모델을 혼합하여 2개의 독립된 Si 원자를 표현한 그림이다. 그리고 Si 원자 위에는 14번에 해당하는 오비탈(궤도)을 표현하였고 최외각 오비탈에 해당하는 $3s^2$**와** $3p^6$ **오비탈(붉은 박스로 표시)**은 Si 원자끼리 화학적 결합시 **새로운 에너지 밴드갭 생성**에 관여를 하게 된다. 현재 반도체 업계에서는 12인치 Si 웨이퍼를 가장 많이 사용하고 있는데 Si 웨이퍼 내부가 Si과 Si이 서로 화학적 결합으로 이루어진 상태이다. 이렇게 단결정 Si 웨이퍼는 1200°C 이상의 고온에서 Si 잉곳(ingot : 실리콘 원기둥형 단결정체)이 형성 된 후 만들어지는데 이 제조 온도에서 Si 원자와 Si 원자 간에 화학적 결합이 일어난다고 생각하면 된다.

위 그림에서 몇가지 중요한 전문용어가 나오는데 **전자는** 여러분 모두 알듯이 마이너스 전하(negative charge, −극성)를 띄고 있고, **state**는 위 그림 1-6에서 오비탈에 컵처럼 생긴 모양을 말하고 이 state(상태)는 전자가 들어가는 집(house) 또는 방(room)이라고 생각하기 바란다. 홀(hole, 정공, positive charge, +극성)은 위 원자 모델만 보면 정확이 무엇인지 이해가 안되니 추후 다시 한번 설명하기로 하겠다. 여기서 가장 중요한 점은 원자 자체는 중성(neutral)극성을 띄고 있다는 것만 알고 있자.

Si 원자의 화학적 결합은 Si 원자가 서로 가까워지면서 최외각 오비탈이 overlap(중첩)되고 split(분리)되는 과정을 거치는데 원자와 원자가 결합을 하게 되면 인접한 최외각 오비탈들은 자연스럽게 overlap될 것이다. 독립 원자로 있을 때는 최외각 오비탈의 경우 각 개별 원자핵(+극성)으로만 영향을 받다가 결합과정에서 자연스럽게 근처에 존재하는 원자핵(+극성)들도 인접한 최외각 오비탈에 영향을 주기 시작하면서 오비탈들이 새롭게 split(분리)과정을 거치면서 새로운 밴드갭이 아래와 같이 형성이 된다.

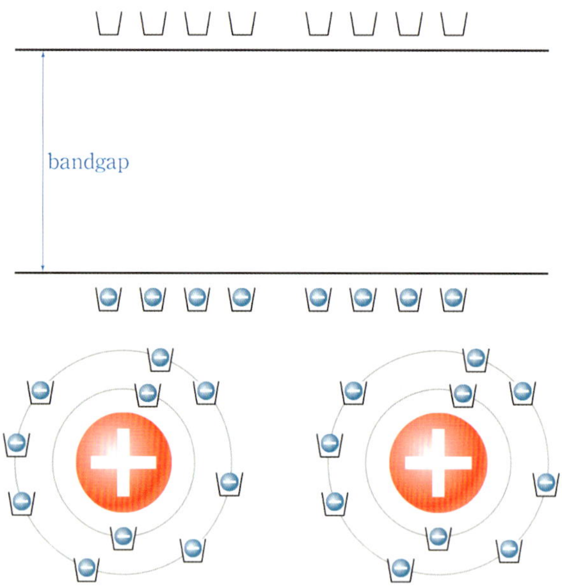

그림 1-7 Si 원자간의 결합후 양쪽 최외각 오비탈들이 서로 중첩되고 분리되어 새로운 에너지 밴드갭 형성

동영상 링크 : https://www.youtube.com/watch?v=ZouKOPfFjlQ
유튜브 검색 키워드 : 에너지 밴드갭 생성원리, 앤디솔

화학적 결합 후 최종적으로 전자(−극성)가 채워진 state는 원자핵(+극성)과의 친화력으로 낮은 쪽 에너지 준위(Valence band)로 이동되고, 전자가 채워지지 않은 state는 원자핵(+극성)과는 자연스럽게 높은 쪽 에너지 준위(Conduction band)로 이동하면서 그림 1-7과 같이 새로운 "에너지 밴드갭"이 형성된다.

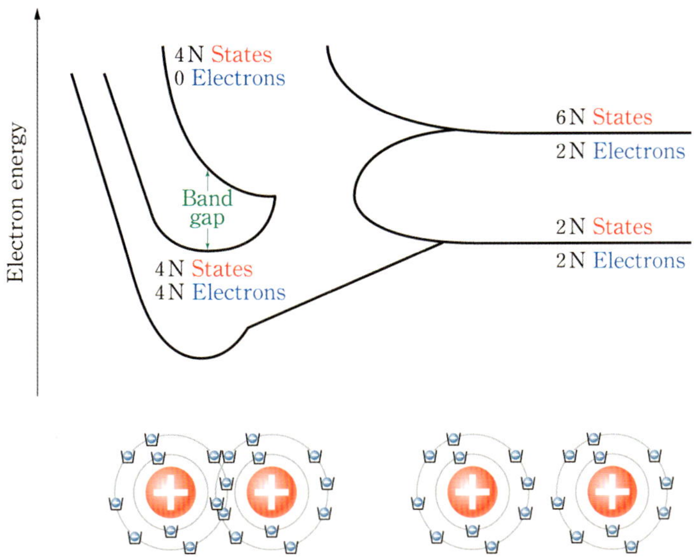

그림 1-8 그림 1-4를 좀 더 이해하기 쉽게 독립된 Si 원자와 화학적 결합이 이루어진 Si의 경우 에너지 밴드갭 형성과정

그림 1-8은 그림 1-4 아래 분리된 개별 Si 원자와 결합된 Si 원자를 추가로 그려주면서 에너지 밴드갭 생성원리를 좀 더 쉽게 이해할 수 있다. 즉, 두개의 Si 원자가 결합하기 전 분리되었을 때 해당되는 최외각 오비탈이 결합 후 서로 overlap(중첩)되고 split(분리)되는 과정을 거쳐 새로운 에너지 밴드갭이 형성되었다.

1-3 전공책에서의 에너지 밴드갭 그림에 속지 말자

아래 그림 1-9(a)와 같이 반도체 공학 전공책에 나오는 에너지 밴드갭 그림을 보면 너무 간단하다. E_c는 Conduction band를 나타내는 선이고 E_v는 Valence band를 표시하는 선이다. 그리고 가운데 E_f 즉 페르미 레벨(Fermi level)이 있다. 여기서 E_c와 E_v는 실제 물리적으로 존재하는 에너지 준위 즉 오비탈이고 E_f는 페르미-디락 분포에서 전자를 발견할 수 있는 확률이 1/2(50%)인 수학적인 가이드라인일뿐 실제 물리적으로 존재하는 에너지 준위나 오비탈은 아니다.

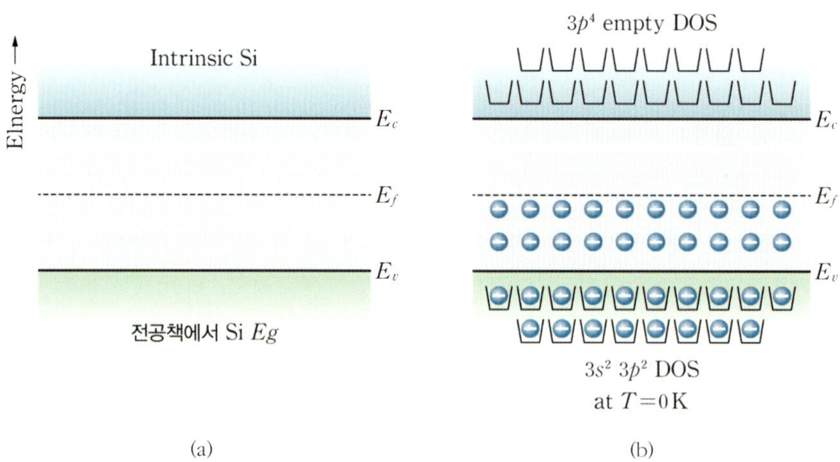

그림 1-9 전공책에서 에너지 밴드갭 그림(a)와 좀 더 구체적으로 표현된 에너지 밴드갭 그림(b)

위 그림 1-9(a)를 좀 더 구체적으로 표현한다면 그림 1-9(b)와 같이 그릴 수 있으며, 좀 더 이해하기 편할 것이다. 그림 1-9(b)는 그림 1-9(a)를 좀 더 구체적으로 절대온도 0K에서 에너지 밴드갭 내에 전자의 분포를 나타내고 있다. **여기서 주목할 점은 E_v(Valence band)에 전자들이 state 안에 존재하고 E_c(Conduction band) 위에는 빈 state만 존재하고 E_f(Fermi level) 아래에 전자들이 꽉 차있다.** 앞으로 배울 페르미-디락 분포식(Fermi-Dirac Distribution Eq.)은 에너지 밴드갭 내에 전자의 분포를 나타내는 식으로 지금까지 가장 정확하다고 모든 과학자들로부터 인정받았기 때문에 페르미-디락 분포식에 0K를 대입해서 풀어보면 0K에서도 E_f 밑에 전자를 발견할 수 있는 확률은 1이다. 즉 0K에서 페르미 레벨 아래 손을 넣어보면 100%전자를 잡을 수 있다는 말이다. 그럼 E_f 아래 전자들이 왜 발견이 되나? 페르미-디락 분포식이 말해주는 뜻은 Valence band에 존재하는 전자들이 0K라는 열에너지로도 쉴 새 없이 양자역학적으로 아래 위로 불연속적인 움직임을 하고 있다는 뜻이다. 단 활동 범위가 E_f 아래까지 만이다. 다시 말하면 0K에서 Valence band에 존재하는 전자는 질량이 9.1×10^{-31}kg으로 0K(즉 $-273°C$)의 열에너지로도 활발히 활동을 하는데 페르미-디락의 식(Eq.)에 따르면 딱 E_f 아래까지 만이라는 것이다. 따라서 그림 1-9(b)의 **밴드갭 내 전자들은** E_v에 전자들이 열심히 E_f 아래까지 올라갔다 내려갔다 하고 있는 모습을 순간적으로 표현한 것이라 생각하면 좋을 것이다(at T=0K). 가끔 받는 질문 중에 하나가 에너지 밴드갭을 forbidden bandgap(금지대)라고 하는데 그런데도 이 금지대에서 전자가 어떻게 발견이 되는지를 질문하는 경우가 있다. 여기서 금지대(forbidden bandgap)의 정확한 의미는 state 즉 전자가 들어갈 수 있는 빈방(room)이 존재하지 않은 구역을 말하는 거지 전자가 아예 발견되지 않은 구역은 아니다. Conduction band와 Valence band에는 state가 존재하지만 그 사이 에너지 밴드갭에는 state가 존재하지 않기 때문에 forbidden bandgap이라 부르는 것을 혼돈하지 말자. 따라서 에너지 밴드갭(forbidden gap) 내에서는 앞으로 배울 페르미-디락 분포식에 따라 전자가 발견된다.

만약 온도가 0K보다 좀 더 온도를 올린다면 페르미-디락 분포식에 의해 전자의 움직임의 활동범위가 드디어 E_f를 넘어 E_f 위에서도 발견될 것이다. 우리는 반도체 공학을 공부하는 동안은 철저하게 페르미-디락 분포식을 따라야 한다. 만약 이 분포식이 틀린 이론이라고 생각한 과학자가 있었다면 벌써 이 분포식보다 더 정확한 식을 발표했을 것이다.

지금까지 우리는 에너지 밴드갭 생성 원리를 배웠고 앞으로는 밴드갭 내의 전자의 분포가 어떻게 되어 있는지를 배울 것이다. 그리고 페르미-디락이라는 두 과학자가 발표한 이론 즉 페르미-디락 분포식의 위대함을 맛볼 것이다.

Tip

Fermi 발음을 국내에서는 주로 "페르미"라고 발음을 하고 미국에서는 주로 "퍼미"라고 발음을 한다.

1-4 전자(Electron), 홀(Hole, 정공), 스테이트(State, 상태) 개념 완벽이해

앞서 보어의 원자모델에서 잠시 전자, 홀, state(상태) 언급이 있었다. 하지만 원자모델에서 홀(Hole)을 정확하게 이해하기는 쉽지 않다. 아래 그림 1-10은 홀을 정확히 이해할 수 있는 그림이다.

그림 1-10(a)은 절대온도 $T=0$K에서 에너지 밴드갭 그림이다. 물론 좀 더 정확히 표현하면 Valence band의 전자들은 절대온도 0K에서도 E_f 아래까지 활발히 오르락 내리락 할 것이다(페르미-디락분포식 근거). 일단 상상만 그렇게 하자. 여기서 우리가 인지할 수 있는 것들은 전자도 보이고 Conduction위에 비어있는 state도 보이고 Valence band에 전자가 채워

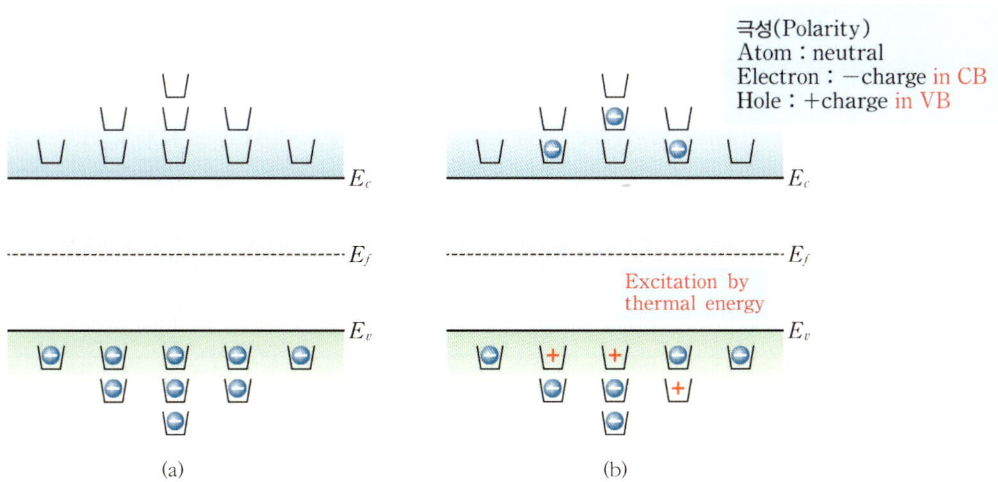

그림 1-10 전자, 홀, state를 이해하기 위한 에너지 밴드 at $T=0$K(a) 외부 에너지를 받음(b)

진 state도 보인다. Valence band에 전자가 채워진 state의 극성은 중성이고 Conduction band의 빈 state의 극성도 중성이다. 따라서 그림 1-10은 전체적으로 중성이다.

그런데 그림 1-10(a)에서 열 에너지나 광학적 에너지(ex 6000Å 파장을 가진 레이저)를 가하면 Valence band의 전자가 에너지를 받아 더 활발히 여기(excitation)되어 전자의 일부나 전체가 Conduction band로 올라갔다가 다시 Valence band로 recombination(재결합)되는 연속적 순환이 일어나기 시작한다.

일단 recombination 과정은 제쳐두고 전자(Electron)가 Conduction band로 여기(excitation) 되었을 때 순간의 상황을 보자.

Conduction band로 올라간 전자는 state 즉 빈 방, 빈 집에 들어간다. 그때 극성은 마이너스이다(negative charge). 왜냐하면 Conduction band의 빈state는 중성인데 negative 극성을 가진 전자가 state안으로 들어가면 극성은 마이너스 즉, 네가티브가 된다.

그럼 Valence band에서 전자가 올라간 후 남겨진 state는 어떻게 될까? 같은 빈state지만 극성은 플러스, positive이다. 왜냐하면 전자가 채워진 state는 중성이었는데 −극성을 가진 전자가 빠져나가면 빈 state는 +극성을 가진다. 우리는 이렇게 Valence band에 남겨진 빈 state를 홀(Hole, 정공)이라고 부른다. Conduction band에도 state가 있지만 같은 state라도 헷갈리지 말기 바란다. 따라서 **홀의 정의는 무조건 Valence band에 있어야 하고 전자가 떠난 후 남겨진 state를 홀이라 부르고 극성은 positive이다.** Valence band의 홀과 Conduction band의 빈state의 모양은 빈 컵처럼 똑같이 생겼지만 그 극성은 다르다. 그림 1-10에서 전자나 홀이 diffusion이나 drift에 의해 사라지지 않으면 전체적으로는 중성이다. **한가지 절대 잊지 말아야 할 것은 홀은 반드시 Valence band에만 존재한다. 예를 들어 앞으로 n-type을 배울 때 donor level(E_d)에 존재하는 전자가 Conduction band로 여기 된 후 E_d에 남겨진 state는 positive이지만 홀은 아니다.**

아래의 식처럼 전류 생성에 기여하는 전자와 홀은 반드시 Conduction band와 Valence band에 존재해야만 전류에 기여가 가능하다. 예를 들어 n-type 도핑 후 E_d(Donor level)에 남겨진 positive state나 p-type 도핑 후 Valence band로부터 올라온 전자가 E_a(Acceptor level)에 존재하면 극성은 negative가 되겠지만 그 전자들은 전류에 기여하지 못한다. 반드시 Conduction band와 Valence band에 존재하는 전자와 홀만이 아래 식 전류에서 n(전자 농도)과 p(홀 농도)에 해당이 되며 전류 생성에 기여를 하는 것이다. 유튜브에 돌아다니는 반도체 공학강의 중에 어느 교수님은 홀의 실체가 없다고 한다. 전자의 반대 성분이라고 한다. 이건 완전히 잘 못 이해한 지식이다.

$$J_{drift} = q(n\mu_e + p\mu_h)E = \sigma E$$

전자와 홀은 엄연히 유효질량(effective mass)와 이동도(mobility)를 아래와 같이 가지고 있다.

Si의	전자	홀
유효질량	$1.08m_0$	$0.56m_0$
이동도	1350	490

Where $m_0 = 9.1\times10^{-31}$kg

자! 이 정도면 상당히 많이 반도체 개념을 이해한 거다. 앞으로 페르미 레벨과 페르미-디락 분포의 물리적 개념만 이해하면 반도체 공학이 이렇게 쉬운 거였나 싶을 것이다.

반도체 개념을 완벽히 이해할 때까지 계속 파이팅이다!!

self Q&A 지금까지 배운 것을 스스로 답을 해보기 바란다.

1 반도체란 무엇인가? 정의

2 에너지 밴드갭의 생성 원리

3 전자, 홀, 스테이트(state)의 정의와 극성

앞으로 배울 것들

에너지 밴드갭 내의 전자분포를 식으로 표현 : 페르미-디락 분포식

Fermi level의 이해는 반도체 공학에서 가장 핵심이 되고 p-n 다이오드 MOSFET을 해석하는데 근간이 된다.

1-5 반도체에서 페르미 레벨과 페르미 디락 분포는 무엇인가? [완벽 개념 이해편]

앞서도 몇 번 언급했지만 전자(electron)는 워낙 가벼워 고전역학(F=ma)으로 설명이 되지 않는다. 그래서 프랑스 과학자 드브로이가 물질파라는 이론을 발표하였고 노벨 물리학상을 받았다.

물질파라하면 모든 물질은 입자성과 파동성을 동시에 가지고 있다는 것이다. 심지어 사람도 움직이면 입자성과 파동성을 가지면서 움직인다는 거다. 단 덩치도 있고 무게가 무거워 입자성이 더 돋보일 뿐, 입자성이 더 크지만 동시에 파동성도 가지면서 움직인다는 뜻이다. 그러니 엄청나게 가벼운 전자는 당연히 입자성과 파동성을 가지고 있는 물질파로 해석해야한다.

왜 갑자기 이런 얘기를 하느냐?

바로 전에 배웠던 에너지 밴드갭을 다시 한번 살펴보자.

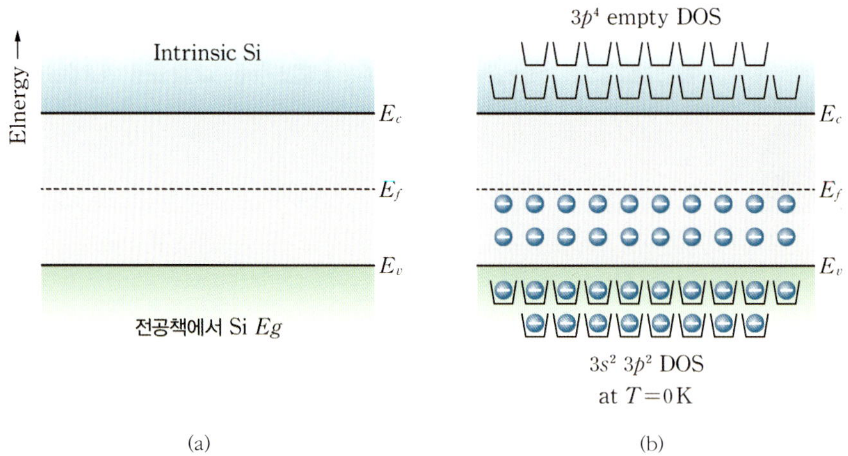

그림 1-11 전공책에서 에너지 밴드갭 그림(a)와 좀 더 구체적으로 표현된 에너지 밴드갭 그림(b)

전공책에서는 그림 1-11(a)처럼 아무 표시도 없고 마치 고요해 보인다. 그림 1-11(b)처럼 절대온도 0K에서도 Valence band(E_v) 내의 전자들은 입자성과 파동성을 가지고 양자 역학적으로 E_f 바로 밑에까지 쉴새없이 올라갔다 내려갔다 한다. 더욱이 온도를 올리면 E_f 밑에까지만 발견되던 전자가 E_c까지 올라가고 E_c 위에도 일부는 E_c위 즉 Conduction band(E_c) 위까지도 올라가게 된다. 드디어 전류를 생성할 수 있는 준비가 되어있다. 왜냐하면 Conduction band 위에 전자들 만이 전류 생성에 기여한다고 앞에서 몇 번 설명을 하였다.

그럼 과연 Valence band의 전자들은 온도에너지를 받으면 어떤 방식으로 즉, 어떤 분포로 올라갈까? 저자는 고민을 많이 해보다 목욕탕 물이 떠올랐다. 양자역학 개념을 고전 역학으로 바꾸어서 설명해보고자 한다. 그래야 이해가 더 빠르니까.

목욕탕 욕조에 물이 있다. 물을 끓이면 수증기가 생기고 수증기가 천정으로 점점 올라가면서 수증기의 농도도 천정 가까이 점점 올라간다. 만약 절대온도 $T=0$K에서는 손을 뻗어 목욕탕 욕조물에 넣으면 물입자(수증기 입자)를 잡을 확률은 1이다. 즉 100% 잡힌다는 뜻이다. 그런데 천정 가까이 손을 뻗으면 물 입자(수증기 입자)를 잡을 확률은 0이다. 즉 물 입자가 전혀 잡히지 않는다는 뜻이다. 하지만 온도를 올리기 시작하면 천정에서 수증기 입자가 잡힐 확률이 0보다 점점 커진다. 열에너지를 받은 물 입자(수증기)가 천정 가까이 점점 더 많이 피어 올라가기 때문이다. 따라서 목욕탕 물의 온도를 올릴수록 천정 가까이 물 입자가 잡힐 확률도 커진다.

그런데 과학적 호기심이 많은 한 사람이 이렇게 생각할 수 있다. **온도가 가해질 경우 물 입자(수증기)는 어떤 형태, 어떤 분포를 가지고 천정까지 올라가지? 수학적으로 표현하는 방법이 없을까? 이렇게 궁금증을 가질 수 있다. 이런 궁금증을 가지고 수학적으로 분포식을 표현한 사람이 바로 페르미(Enrico Fermi(이태리 핵물리학자, 노벨물리학상 수상))와 디락(Paul Dirac(영국 핵물리학자, 노벨물리학상 수상)이라는 사람이다.**

그럼 에너지 밴드갭 내의 전자가 수증기와 비슷하게 온도에 따라 특정 분포를 가질 텐데 어떤 수학식이 이 분포를 가장 정확하게 표현할까? 우리같이 일반 사람이라면 먼저 가장 간단한 $y=ax$라는 일차 함수, $y=ax^2$라는 이차 함수가 떠오를 거다. 페르미박사와 디락 박사도 고민을 많이 했을 거라 본다. **두 사람이 도출한 Fermi-Dirac 분포식을 가만히 보면 영악하지 그지없다. 그만큼 철저하게 계산적이고 주도 면밀하게 특정 수학식으로 표현하였다.**

일단 분포 식의 근간은 exponential 함수이다. 그리고 천정에(Conduction band)에서 수증기(전자)가 잡힐 확률은 0(0%)이거나 0(0%)에 가깝게 만들어야 하고 욕조(Valence band)에서는 수증기(전자)가 잡힐 확률은 1(100%)이거나 1(100%)에 가깝게 만들어야 한다는 계획을 세웠다. 욕조(Valence band)에서 수증기(전자)의 분포가 1에서 시작하여 높이 올라갈수록 점점 줄어들게 만들어야 하며 중간 지점은 1/2(50%)정도의 분포가 되도록 해야하고 그리고 더 높으면 1/2 보다 작은 분포값을 가지도록 하면서 최종 천정(Conduction band)에서는 0이나 0에 가깝게 되어야 한다는 계획을 페르미와 디락이 미리 머리속으로 구상을 한 것이다. 이 알고리즘을 바탕으로 $y=\exp(x)$ 즉, $f(E)=\exp(E)$에서 시작을 하여 최종적으로 아래와 같은 식을 도출하였다.

$$f(E) = \frac{1}{1+e^{(E-E_f)/kT}}$$

k: Boltzman's constant T: temperature(K)

식) 페르미-디락 분포식

식이 보기에는 좀 어려워 보이지만 알고 나면 무릎을 탁 칠 정도로 감탄할 식이다.

먼저 절대온도 T=0K에서 한번 살펴보자.

식에서 $E-E_f$는 E_f에서 얼마나 멀리 떨어져 있냐는 뜻이다. 예를 들어 intrinsic Si의 경우 밴드갭이 1.1eV이고 밴드갭 중앙에 있는 페르미 레벨(E_f)에서 Conduction band까지는 0.55eV이다. 즉 $E-E_f$=0.55eV이고 kT에서 k는 볼츠만 상수(Boltzmann's constant) 8.62×10^{-5}eV/K, T=0K를 대입하면 kT=0이 되고 위 식 exp(0.55/0)=∞ 무한대 값이 나오며 $f(E)$=1/(1+∞)=0의 값이 나온다. 또한 E_f에서 Conduction band 만큼 멀리 떨어지지 않고 E_f 바로 위 어떤 지점에서 전자를 발견할 수 있는 확률은 얼마인가? $E-E_f$를 0.001eV라고 가정하자. 하지만 T=0K에서 kT=0값을 가지기 때문에 exp(0.001/0) 또한 무한대 값을 가지고 $f(E)$ 즉 전자를 발견할 수 있는 확률은 0이 된다. 다시 말해 exp 내의 분모값이 0이면 무조건 무한대가 되게끔 만든 식이라고 보면 된다. 페르미와 디락이 0K에서 exp 값을 무한대로 만들고 $f(E)$ 최종 값을 0으로 만들려고 의도적으로 이런 식을 만든 것이다. 훌륭하지 않은가?

반대로 E_f에서 밑으로 멀리 떨어진 Valence band를 생각해보자 $E-E_f$=−0.55eV가 될 것이고 exp(−0.55/0)=0이 되어 $f(E)$=1/(1+0)=1이 된다. 또한 E_f에서 바로 밑인 $E-E_f$=−0.001eV인 지점을 생각해보자. 똑같이 $f(E)$=1/(1+0)=1이 된다. 정리하면 T=0K에서는 E_f를 중심으로 칼로 두부 자르듯이 E_f 아래는 무조건 1, E_f 위는 무조건 0이 된다. 정리한 그림은 아래 그림 1-12와 같다.

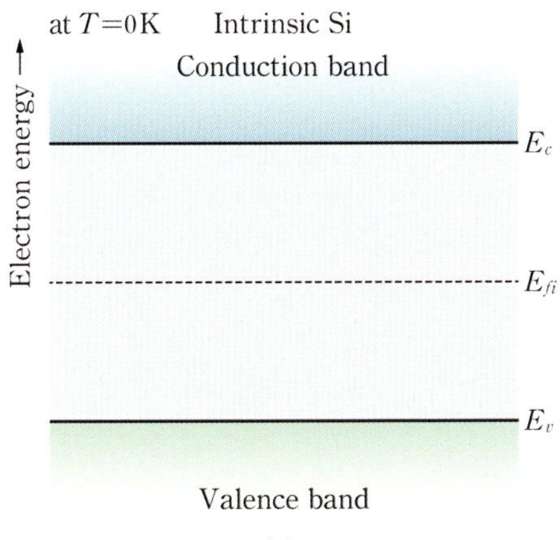

$$f(E)=\frac{1}{1+e^{\infty}}=\frac{1}{1+\infty}=0$$

$$f(E)=\frac{1}{1+e^{-\infty}}=\frac{1}{1+0}=1$$

(a)

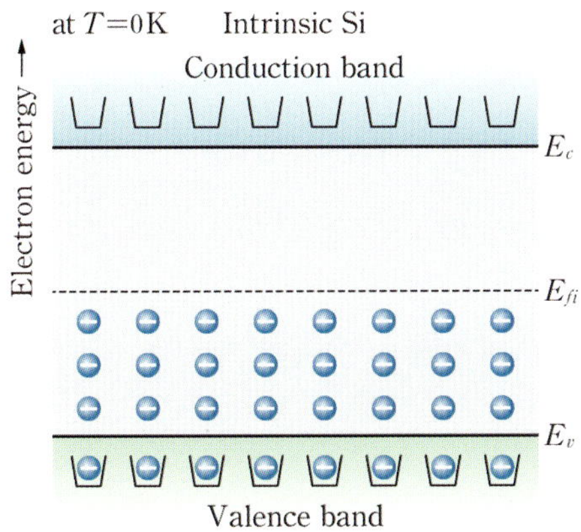

(b)

그림 1-12 $T=0$K에서 에너지 밴드갭에서 전자를 발견할 수 있는 확률: 전공책의 그림(a), 좀 더 자세히 그린 그림(b)

다음은 $T=300$K에서 한번 살펴보자. 우선 $kT=8.62\times10^{-5}\times300=0.0259$eV 값을 가진다.

E_f(페르미 레벨)에서 Conduction band까지는 $(1.1-0.55=0.55)$ 즉, $\exp(0.55/0.0259)=1.67\times10^{9}$이고 $f(E)=1/(1+1.67\times10^{9})=5.99\times10^{-10}$으로 거의 0에 가깝다. 하지만 이 숫자를 무시하면 안 된다. 왜냐하면 E_c의 전체 state 수(DOS)가 2.8×10^{19}가 되어서 두개를 곱하면 아래와 같이 계산이 된다. 이 부분은 섹션 1-6에서 다시 설명을 하겠지만 Conduction band 위로 올라간 전자의 수(n_0)는

$$n_0 = n_i = N_c \exp\left[\frac{-(E_c - E_{fi})}{kT}\right]$$

$$n_0 = n_i = 2.8\times10^{19}\times\exp(-0.55/0.0259) = 2.8\times10^{19}\times5.99\times10^{-10} = 1.67\times10^{10}\text{cm}^{-3}$$

Valence band도 똑같이 계산해보면 $\exp(-0.55/0.0259)=5.99\times10^{-10}$이고 $f(E)=1/(1+5.99\times10^{-10})=1$이 나온다.

흥미로운 사실은 $T=$ 300K에서 E_f(페르미 레벨)중심으로 위와 아래의 전자 발견 확률 $f(E)$는 $T=$0K 경우와 다른 값이 계산된다.

예를 들어 E_f에서 0.01eV만큼 위로 떨어진 지점은 $\exp(0.01/0.0259)=1.47$
따라서 $f(E)=1/(1+1.47)=0.4$로 $T=$0K와 전혀 다른 값이 나온다.

E_f에서 0.01eV만큼 아래로 떨어진 지점은 $\exp(-0.01/0.0259)=0.68$
따라서 $f(E)=1/(1+0.68)=0.6$이다.

> **정리** $T=$300K에서 중앙의 페르미 레벨 (E_f)에서 위로 0.01eV 떨어진 지점에서 전자발견 확률은 40%이고 아래로 0.01eV 떨어진 지점에서 전자 발견확률은 0.6 즉 60%라는 뜻이다. 그리고 E_f 그 자리에서 전자 발견 확률은 $E-E_f=0$이므로 $f(E)=1/(1+1)=0.5$ 즉 50%의 확률을 가진다.

한편 $T=$400K에서는 $kT=8.62\times10^{-5}\times400=0.0345$eV 값을 가진다.

E_f에서 떨어진 각 위치에서 독자 여러분이 한번 계산해 보기 바란다.

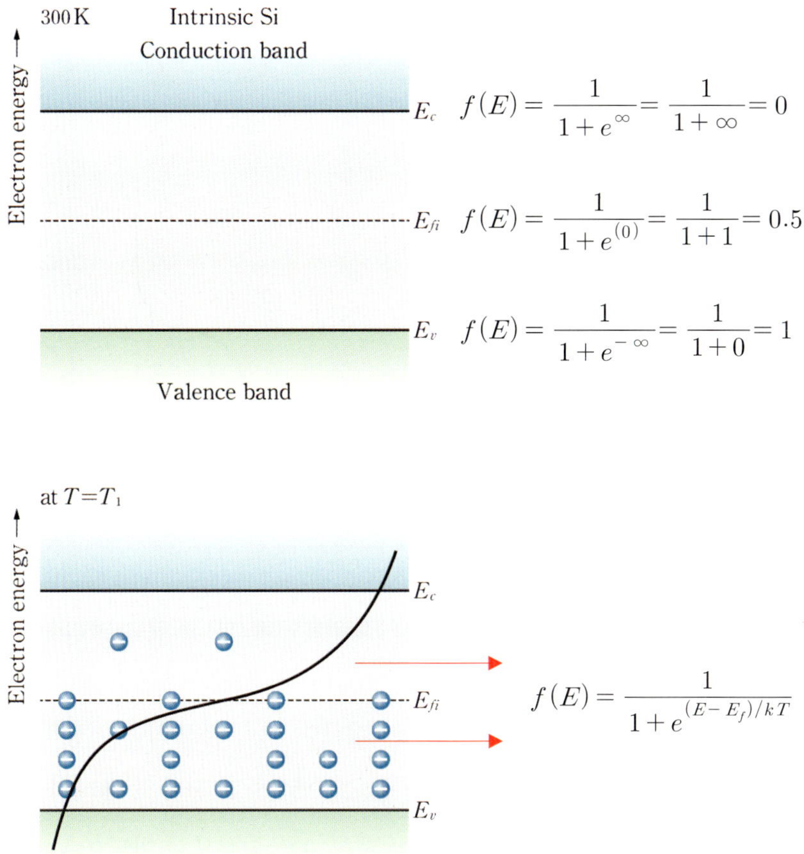

그림 1-13 $T=300\mathrm{K}$에서 에너지 밴드갭에서 전자를 발견할 수 있는 확률

동영상 링크 : https://www.youtube.com/watch?v=cRtY6le6pVk&t=188s

유튜브 검색 키워드 : 페르미 디락의 물리적 의미, 앤디솔

이제 페르미 디락 분포식에 대해서 거의 다 이해한 것이다. 정리하는 차원에서 그림 1-14를 한번 살펴보자.

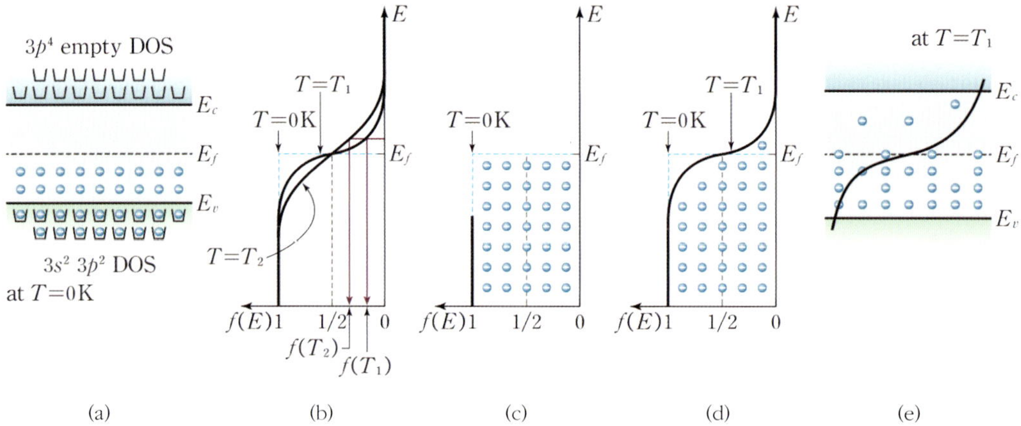

그림 1-14 $T=0$K, T_1, T_2에서 에너지 밴드갭 내 전자의 분포(페르미-디락 분포식을 그래프로 표현)

그림 1-14에서 가운데 3개 그래프(b), (c), (d)는 페르미-디락 분포식을 이용하여 그린 그래프이다. $f(E)$ 즉 전자를 발견할 수 있는 확률을 x축으로 하고 전자의 에너지 준위를 y축으로 그렸다. y축을 좀더 쉽게 표현하면 페르미레벨(E_f)를 중심으로 바닥이 Valence band쪽이고 위쪽으로 갈수록 Conduction band쪽으로 가는 것이다.

$T=0$K(그림 1-14(c))에서는 칼로 두부 자르듯이 E_f를 중심으로 위는 전혀 전자가 없고 ($f(E)=0$) 아래는 꽉 차있다($f(E)=1$).

T_1과 T_2 중 상대적으로 낮은 온도 T_1(ex 300K)에서 드디어 E_f 위에 전자가 발견될 확률이 조금씩 올라가는 것을 볼 수 있다. T_2(ex 400K)에서는 전자의 발견 확률이 T_1보다 더 높다 (E_f보다 높은 특정 y축 지점을 찍고, 왼쪽으로 선을 그은 후 T_1과 T_2가 만나는 점의 x축 지점의 값을 보면 T_2가 좀 더 큰 값($f(E)$)을 가진다). 그리고 온도 증가에 따른 전자 분포 패

턴이 T_1보다 T_2가 더 급격하게 증가한다는 것이다. 그리고 페르미 레벨(전자 발견확률 0.5)을 중심으로 exponential한 패턴을 보이고 위와 아래 모양이 정확히 대칭의 형태를 가지고 있다. 일반사람들이라면 왜 굳이 $f(E)=ax$나 ax^2 등 쉬운 식을 이용하지 않고 어렵게 exponential 함수를 사용하는지 반문할 것이다. 페르미와 디락 박사도 그런 생각을 안해 봤겠냐?

그런데 반도체 공학에서 최종적으로 추구하는 목표는 아래와 같은 전류 밀도

$$J_{drift} = q(n\mu_e + p\mu_h)E = \sigma E$$

에서 전자의 농도와 홀의 농도($n_0 = N_c \times f(E)$)와 홀의 농도($p_0 = N_v \times (1-f(E))$는 위의 페르미-디락 분포식$f(E)$으로부터 얻어지고 전류밀도값을 도출할 수 있는데 이 값이 실험적으로 구한 값과 잘 일치하기 때문에 지금까지도 페르미-디락 분포식이 부정확하다고 이의를 제기하는 과학자는 없었다. **따라서 $T=0$K에서 칼로 두부 자르듯이 E_f 중심으로 아래는 1 위는 0이라는 말도 안되는 페르미-디락 분포식이지만 결론적으로 이론값과 실험값이 잘 맞기 때문에 위 분포식을 따를 수 밖에 없다.**

한편, 홀의 경우는 전자의 페르미-디락 분포식($f(E)$)을 이용하여 $1-f(E)$로 계산하면 된다.

앞으로 우리는 n-type, p-type 반도체를 배울 것이다. 먼저 예습을 좀 한다면 절대온도 0K에서 n-type과 p-type의 경우 페르미 레벨은 어디에 위치할까?

아래 그림을 보시기 바란다.

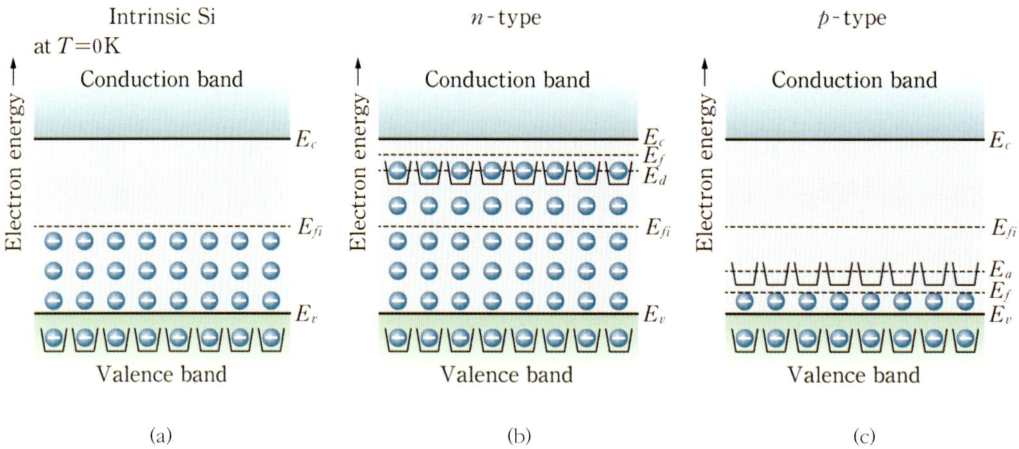

그림 1-15 절대온도 T=0K에서 intrinsic(a), n-type(b), p-type(c) Si 에너지 밴드

그림 1-15에서 3개의 에너지 밴드갭 공통점은 intrinsic fermi level(E_{fi})이 모두 정중앙에 있다. **n-type이든 p-type이든 intrinsic fermi level(E_{fi})은 에너지 밴드갭을 intrinsic이라고 일단 생각하고 밴드갭 정중앙에 선을 그어야 하며, 단 n-type, p-type경우, T= 0K에서 추가적인 페르미 레벨(E_f)은 전자 발견확률 1지점과 0지점을 찾아서 그 중앙에 선을 그으면 된다(그림 1-15(b), (c)).** 그리고 fermi-level 자체는 물리적으로 존재하는 선이 아니다. 페르미-디락 분포식을 이용하여 수학적으로 전자가 발견된 확률이 0.5인 지점을 하나의 가이드 라인으로 에너지 밴드 그림에 넣은 것뿐이다. 그리고 중요한 것은 intrinsic의 경우(그림 1-15(a)) Valence band(E_v)에서의 1과 Conduction band(E_c)에서의 0 사이 중앙지점에 fermi level이 있고 그 값은 0.5이다. 그리고 1과 0.5 사이 0.5와 0사이의 전자 분포는 exponential하게 곡선을 그린다는 거다. 이 요점을 이해했으면 T=0K에서 n-type(그림 1-15(b), p-type(그림 1-15(c))에서 fermi level 찾기가 쉽다. 그림 1-15(b)처럼 n-type화 되기 위해서는 donor doping이 필요하다. 주로 Phosphorus(P: 5족 원소, 다음 장에서 자세히 설명함)를 donor doping하면 Conduction band 근처 donor level(E_d)이 물리적으로 형성(밴드갭 내에 실제 존재하는 에너지 준위)된다. Intrinsic일 경우는 전자 발견할 확률($f(E)$)이 Valence band가

1이였는데 n doping을 하는 순간 donor level (E_d)에 전자가 꽉 차 있으므로 100% 전자를 발견할 수 있는 지점은 Valence band(E_v)가 아닌 donor level(E_d)로 바뀌었다. 그리고 donor level 아래 에너지 준위가 낮은 에너지 밴드갭 내에도 전자를 발견할 수 있는 확률도 1이 된다.

> 정리
> **donor level(E_d) 아래에는 전자가 꽉 차있다고 보면 된다.** 따라서 donor level에서 전자 발견확률($f(E)$) 1과 Conduction band에서의 0사이 중앙에 0.5 즉 페르미 레벨의 선을 그으면 된다(그림 1-15(b)). 단 T=0K에서이다.

이정도 설명했으니 p-type은 더 쉬울 것이다. p-type에 해당하는 Boron(B: 3족 원소)을 도핑하면 Valence band 상단 쪽에 acceptor level(E_a)이 형성되며(그림 1-15(c)) 빈 state(empty state)로 구성되어있고 전자를 발견할 수 있는 확률이 0이 된다. Intrinsic Si의 경우 전자 발견확률 0인 지점이 Conduction band(E_c)였는데 p-type화 되면서 acceptor level(E_a)로 바뀌었다. 따라서 Valence band에서의 1과 acceptor level(E_a)에서의 0사이 중앙지점에 fermi

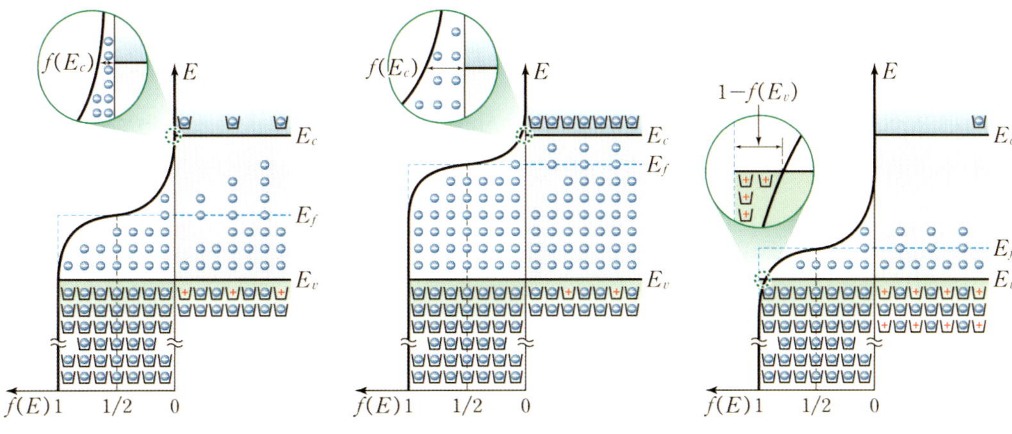

그림 1-16 특정 온도(ex 300K)에서 에너지 밴드 그림과 페르미-디락 분포와 상관 관계

level의 선을 그으면 된다. 단, 위 설명은 모두 0K에서만 유효하다. 뭔가 다음 질문이 무엇이 나올지 벌써 예상되지 않는가? 온도가 올라가면 페르미 레벨은 어떻게 되는지? 당연히 다음 장에 자세히 설명드린다.

그림 1-16를 보면 일단 특정온도(ex 300K)에서 intrinsic, n-type, p-type Si 에너지밴드 그림을 표시하였다. 전공책과 다른 점은 에너지 밴드 그림에 전자와 홀을 좀더 구체적으로 상상해서 그려 넣은 것이다. Intrinsic의 경우(그림 1-16(a)) fermi level은 밴드갭 중앙에 위치한다. 에너지 밴드갭 중앙에 위치한다는 의미는 또다른 의미가 있는데 Conduction band 0과 Valence band 1사이 중앙이고 밴드갭 중앙에 위치한다는 것은 Conduction band의 전자의 수와 Valence band의 홀의 수가 서로 같다는 뜻도 있다. 왜냐하면 intrinsic 즉 전혀 도핑이 되지 않은 순수 물질인 경우 Conduction band의 전자의 원천은 모두 Valence band이외에는 없다. 페르미 레벨이 Intrinsic처럼 에너지 밴드갭 중앙에 위치하지 않고 Conduction band나 Valence band쪽에 치우쳐져 있는 경우를 보자. 바로 n-type, p-type 경우이다. n-type, p-type처럼 donor level에서 전자가 Conduction band로 올라가게 되면 더 이상 Valence band의 홀의 수(농도)와 Conduction band의 전자의 수(농도)가 같지 않고 당연히 Conduction band 전자의 수가 Valence band 홀의 수보다 donor level(E_d)에 존재했던 전자 수만큼 많은 것은 당연하다. 따라서 n-type의 경우 숫자적으로 많은 majority carrier는 전자가 되고 숫자적으로 적은 minority carrier는 홀이 된다. p-type은 반대로 Valence band에서 여기된 전자들이 주로 acceptor level에 많이 발견된다. 왜냐하면 약간의 에너지만 주면 Valence band의 전자들은 바로 acceptor level의 빈state로 모두 올라가고 Conduction band까지는 상대적으로 많은 에너지가 필요해서 확률적으로 올라가는 전자는 극소수이기 때문이다. 따라서 Valence band에서 acceptor로 올라간 전자와 Conduction band로 올라간 전자 때문에 Valence band에 남겨진 홀의 수는 Conduction band로 올라간 전자의 수보다 당연히 많아진다. 좀더 엄밀히 말하면 Valence band에 남겨진 홀의 수＝acceptor level의 전자의 수＋Conduction band의 전자의 수이다.

그림 1-16(b)는 n-type 에너지밴드그림에서 전자의 분포와 그것과 일치하는 페르미-디락 분포 곡선이다. 여기서 donor level(E_d)는 그림에서 생략되어 있다. 하지만 바로 전에 설명한 것처럼 donor level은 Conduction band 근처에 있기 때문에 일정한 온도에서 페르미 레벨도 Conduction band 근처에 있기 마련이고 이 페르미 레벨을 중심으로 위, 아래 exponential하게 곡선을 그려보면 페르미-디락 분포 곡선이 Conduction band 위로 더 많이 치고 올라가는 것을 볼 수 있다. 따라서 그림 1-16(b)의 Conduction band 내 전자의 수는 Valence band의 홀의 수 보다 많아지게 된다.

그림 1-16(c)처럼 p-type 에너지 밴드 그림에서 전자의 분포와 그것과 일치하는 페르미-디락 분포 곡선을 볼 수 있다. 여기서 acceptor level(E_a)는 생략되어 있다. 하지만 바로 전에 설명한 것처럼 acceptor level은 Valence band 근처에 있기 때문에 일정한 온도에서 페르미 레벨도 Valence band 근처에 있기 마련이고 이 페르미 레벨을 중심으로 위 아래 exponential 하게 곡선을 그리면 Valence band아래로 페르미-디락 분포 곡선이 더 많이 치고 내려가는 것을 볼 수 있다. 따라서 그림 1-16(c)의 Valence band 내 홀의 수는 Conduction band의 전자 수 보다 많아지게 된다.

여기서 주의 깊게 봐야할 점은 일정 온도(ex 300K)에서 intrinsic, n-type, p-type의 페르미 레벨이 어디에 있고 왜 페르미 레벨이 거기에 존재하는지를 이해해야 하고 페르미 레벨을 중심으로 페르미-디락 분포곡선을 그릴 때 Conduction band쪽이나 Valence band쪽으로 치우쳐서 그려지는 것을 보고 거기에 따라 majority carrier와 minority carrier가 무엇이 되는지 이해를 해야 한다.

일단 여기까지 잠시 맛을 보고 앞으로 좀더 구체적으로 설명을 할 것이다. 그리고 지금까지 절대 온도 0K와 특정온도(ex 300K)만을 언급을 했는데 앞으로 아주 높은 온도로 올라갈 경우 또 페르미 레벨은 어떻게 되는지도 살펴볼 것이다.

✪ Intrinsic Si : 도핑이 전혀 되지 않은 순수 Si. Conduction band 전자 수와 Valence band의 홀수가 같다. 페르미 레벨은 온도와 상관없이 에너지 밴드갭 중앙에 위치

Tip

eV 개념 잡기 : 에너지 밴드갭의 y축은 eV라고 적혀 있다. eV가 무슨 뜻일까?

일단 물리적 개념은 에너지이다.

우리가 책상아래에서 책상위로 물건을 올리면 위치 에너지가 생기듯이 전자가 에너지 낮은 오비탈(ex Valence band)에서 에너지 높은 오비탈(Conduction band)로 올릴 수 있는 가장 효과적인 에너지는 열에너지나 광에너지이다. 예를 들어 300K의 열에너지를 가하면 전자가 올라갈 수 있는 에너지는 $kT = 8.62\times10^{-5}\text{eV/K}\times300\text{K} = 0.0259\text{eV}$ 만큼 올라간다. 400K의 열에너지를 가하면 전자는 더 활성화 되어 더 높은 오비탈로 올라갈 수 있다. 한편 광에너지를 가하게 될 경우, 예를 들어 Si반도체의 에너지갭이 1.1eV 이므로 파장으로 전환하는 식은 아래와 같다.

$$\lambda(\text{Å}) = \frac{12396.44}{\text{eV}} = \frac{12396.44}{1.1\text{eV}} = 11,270\text{Å} = 1.1\mu\text{m}$$

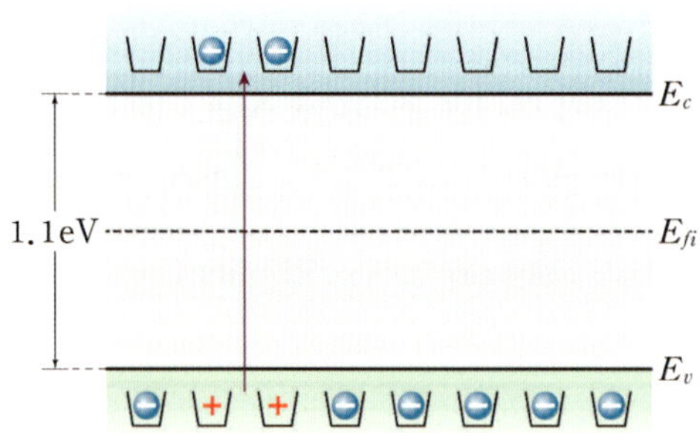

그림 1-17 Si 에너지 밴드갭 1.1eV

다시 말해 1.1μm 정도 이하의 적외선 파장을 Si 반도체에 가하면 Valence band에 있는 전자를 모두 여기 시킬 수 있다. 더욱이 6000Å의 붉은색 가시광선 파장은 에너지 전환식에 대입하여 환산하면 2.07eV의 에너지에 해당하므로 Valence band의 전자 모두를 충분히 Conduction band로 여기 시킬 수 있다.

정리

에너지 밴드갭 내의 전자의 분포를 어떻게 수식화 할까? 목욕탕의 물의 온도가 올라가면 수증기가 발생하고 점점 천정 쪽으로 수증기의 농도가 높아지는 원리로 생각하면 된다. 에너지 밴드갭(목욕탕 공간)에서 전자(수증기)의 분포를 수식으로 도출한 사람이 페르미와 디락이라는 박사이며 우리는 이 수식을 페르미-디락 분포식(Fermi-Dirac Distribution function)이라 부르고 분포식의 기본은 exponential 함수를 이용하였다. 28페이지, 페르미-디락 분포식의 특징은 exponential함수 내 페르미 레벨 지점인 $(E-E_f=0)$에서 $f(E)=1/2$이라는 변곡점이 나오는 데 이것을 페르미 레벨이라고 부르고 반도체와 반도체 접합시(ex p-n junction) 기준 라인이 된다. 페르미-디락 분포식으로 우리는 앞으로 배울 Conduction band의 전자의 농도와 Valence band의 홀의 농도 계산이 가능해지고 최종적으로 전류 밀도 계산도 가능해진다. 페르미-디락 분포 곡선을 보면 과연 전자가 에너지 밴드갭 내에 저런 식으로 분포하고 있을까 싶을 정도로 너무 인위적으로 보이지만 어쩌랴, 페르미-디락 분포식으로 계산된 전류값이 실험값과 잘 일치하기 때문에 지금까지 별 다른 이의 제기없이 사용하고 있다는 것을 명심 해주기 바란다. 우리는 이번 섹션에서 페르미-디락 분포식과 페르미 레벨을 배웠다. 다시 말하지만 페르미 레벨은 에너지 밴드갭 내에서 중요한 가이드 라인이다. 앞으로 n-type이든 p-type이든 전자를 발견할 수 있는 0.5지점을 그림 1-18과 같이 모두 정렬(align)하면 에너지 밴드갭 이해와 p-n 다이오드, MOSFET 그리고 BJT 등의 동작원리도 이해할 수 있다. **취업 면접에서 p-n 다이오드를 그려보라고 하면 가장 우선적으로 fermi-level 선부터 일단 긋고 나서 p-type에 해당하는 Conduction band와 Valence band를 그리고 n-type에 해당하는 Conduction band와 Valence band를 그린 후 선을 서로 이어주면 된다.**

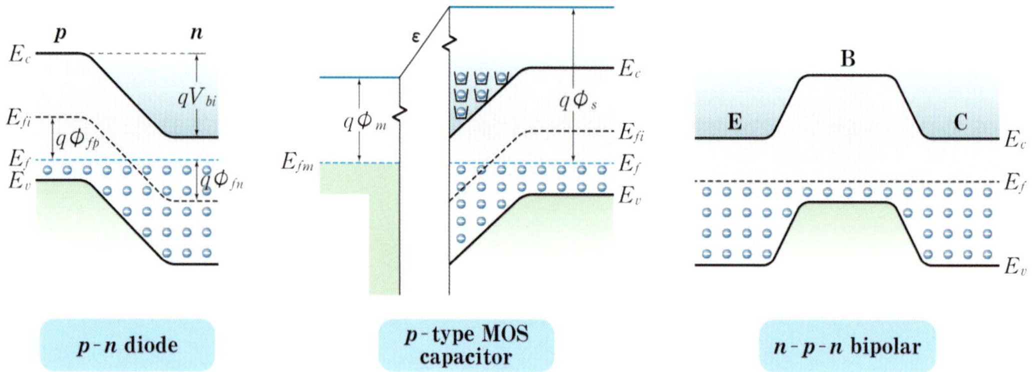

그림 1-18 p-n다이오드(a), MOSFET(b), BJT(c)에서 페르미 레벨 정열(align)

Quiz

저자가 지속적으로 절대온도 0K를 일부러 전제를 달면서 강조를 했다. 그러면 300K나 그 이상의 온도에서 intrinsic Si의 경우 fermi level은 그대로 있을까 아니면 움직일까?

답 intrinsic일 경우에는 온도와 상관없이 페르미 레벨은 항상 밴드갭 중앙에 있다.

자세한 설명은 아래 유튜브 강의에서 확인하시기 바란다.

HINT intrinsic이기 때문에 Conduction band로 올라가는 전자는 오직 Valence band가 원천이어서 온도가 바뀌어도 Valence band의 홀의 수와 Conduction band의 전자의 수는 같다.
답은 73페이지에 설명되어 있다.

동영상 링크 : https://www.youtube.com/watch?v=s79lX9YqQxY

유튜브 검색 키워드 : 페르미 디락의 물리적 의미, 퀴즈 답, 앤디솔

다음 섹션에서 배울 것

지금까지 반도체 개념 반도체에서 에너지 밴드갭 생성원리 그리고 이번 섹션에서 밴드갭 내에 전자의 분포를 설명하는 fermi-dirac분포식과 fermi level에 대해서 배웠다.

다음 섹션에서는 **Equilibrium state(평형상태)** 의미에 대해서 알아보고 Equl. 상태에서 **intrinsic Si**의 경우 **전자와 홀의 농도 계산을** 해보도록 하겠다.

솔직히 에너지 밴드갭과 fermi level 을 제대로 이해하고 있다면 나머지 다이오드, MOSFET을 이해하는데 약 60%는 이해했다고 볼 수 있다. 그만큼 반도체공학이라는 학문이 곧 에너지 밴드갭 엔지니어링이라고 해도 과언이 아니다.

동영상 링크 : https://www.youtube.com/watch?v=SlsNi6U1CUw&t=676s
유튜브 검색 키워드 : 에너지밴드갭이 왜 중요한가?, 앤디솔

1-6 열적 평형상태(Thermal equilibrium)에서 Conduction band와 Valence band 내 전자와 홀의 농도

이 책의 처음 "반도체 정의"를 다시 돌아가 보자. "반도체는 전자와 홀의 농도를 자유자재로 조절할 수 있는 물질인데 그러기 위해서는 적당한 에너지 밴드갭(0.17~3.5eV)을 가져야 한다"고 정의하였다. 그리고 이후 에너지 밴드갭 내의 전자의 분포를 페르미-디락 분포식으로 표현할 수 있다. (이보다 더 정확한 분포 식은 아직 발표되지 않았다)

최종적으로 앞서 배운 Intrinsic Si의 경우 왜 부도체인지 정의했는데 이번 섹션에서는 좀 더 정확히 Conduction band와 Valence band에서 전자와 홀의 농도(수)(at 300K)를 계산해 보겠다.

전공 책에서 equilibrium 또는 Thermal equilibrium이라는 말이 아주 자주 나온다. 무슨 뜻일까?

Equilibrium 또는 thermal equilibrium의 뜻은 반도체가 추가 열에너지, 광학에너지, 전기 및 자기장 에너지 변화의 외부 영향을 받지 않은 상태를 말하는 것이다.

반도체공학은 에너지 밴드갭을 정확히 이해하고 응용하는 학문이다.

최종적으로는 전기, 광학, 열적 영향을 주고 에너지 밴드갭이 어떻게 변화하는가를 보는 것이지만 **우선은 외부 에너지 영향이 전혀 없는 상태 즉 기준점이 되는 equilibrium 또는 Thermal equilibrium 상태에서 에너지 밴드갭과 전자, 홀의 농도를 먼저 이해하는 것이 순서이다.**

반도체 공학에서 자주 언급되는 **평형상태(equilibrium) 또는 열적 평형상태(thermal equilibrium)란 절대온도가 0K 또는 300K와 같이 일정 온도가 유지된 상태일 때를** 말한다. 단 여기서 **온도의 변화가 생기면 더 이상 열적 평형상태(thermal equilibrium) 가 아니다**. 온도의 변화가 생기거나 추가적인 광 또는 전자기장 에너지가 가해지면 Non-equilibrium(비평형) 상태라 부른다. **따라서 0K든 300K든 400K든 온도의 변화 없이 그대로만 유지된 상태라면 열적 평형상태이다**. 이렇게 열적 평형상태에서 바로 전에 배웠던 페르미-디락 분포식을 가지고 Conduction band와 Valence band에 존재하는 전자와 홀의 농도(수)를 계산해 보자. 전자, 홀 농도 계산은 최종 전류 밀도를 구하기 위한 바로 전 단계이다. 지금까지 우리는 에너지 밴드갭과 페르미-디락분포식(페르미 레벨은 덤으로 배우고)을 배웠고, 이번 섹션에서 전자와 홀의 농도 계산법을 배우고 다음 섹션에서 p-type, n-type을 배우고 나서 최종 전류 밀도(J)를 계산하는 단계로 넘어간다.

반도체 공학의 최종 종착점은 MOSFET에서 전류 밀도(J)를 계산하는 것인데 이를 위해 가장 처음 배웠던 에너지 밴드갭부터 이해하지 않으면 안 된다.

다시 강조하지만 이번 섹션에서는 지난 섹션에서 배웠던 페르미-디락 분포식과 페르미 레벨을 이용하여 Conduction band의 전자 농도(수)와 Valence band의 홀의 농도(수)를 계산해 보고 반대로 전자의 농도와 홀의 농도에 따라 페르미 레벨의 위치가 어느 쪽으로 치우치게 되는지도 물리적으로 개념을 잡게 되길 바란다. 결국은 에너지 밴드갭 내에 페르미 레벨의 위치가 밴드갭 중앙 기준으로 위쪽에 위치해 있으면 이 반도체는 n-type이고 전자의 수가 홀의 수보다 많다. 따라서 전자가 majority carrier이고 홀은 minority carrier구나 라를 것을 알게 되고, 페르미 레벨의 위치가 밴드갭 중앙 아래에 있으면 이 반도체는 p-type이고 홀의 수가 전자의 수보다 많다. 따라서 홀이 majority carrier이고 전자는 minority carrier구나라는 것을 알게 될 것이다.

본격적으로 전자의 농도와 홀의 농도를 구해보자.

너무 간단하다. 지난 섹션에서 배웠던 페르미-디락 분포식에 Conduction band에 존재하는 State(빈 방)의 총수(g_c, N_c) 또는 Valence band의 State(빈 방)의 총수(g_v, N_v)를 곱해주면 된다.

또 한번 강조하지만 궁극적으로는 전류(Current) or 전류 밀도(J)를 구해야 하는데 기본적으로 전자와 홀의 농도를 알아야 한다.

전류 or 전류 밀도 Current(J)의 구성요소는 전자의 농도 in Conduction band ＋홀의 농도 in Valence band

그리고 전자의 농도와 홀의 농도는 아래의 식처럼 표현된다.

$$n(E) = \int g_c(E)f(E)dE \quad p(E) = \int g_V(E)(1-f(E))dE$$

$g_C(E)$ = Density of State(DOS) in Conduction Band (E_C)

$g_V(E)$ = Density of State(DOS) in Valence Band (E_V)

위 왼쪽 식은 페르미-디락 분포식($f(E)$) 곱하기 Conduction band 내 빈방의 총수 $(DOS) = g_c(E)$을 곱하면 Conduction band에서 전자의 농도를 구할 수 있고, 오른쪽 식은 페르미-디락 분포식은 전자를 중심으로 세워진 식이기 때문에 홀의 분포식은 $1-f(E)$가 되고 여기에 Valence band의 빈방의 총수$(DOS) = g_v(E)$를 곱하면 Valence band에서 홀의 농도를 구할 수 있다. 간단하지 않은가? 이 정도면 이제 반도체 공학이 참 쉽구나하고 느낄 때가 되었다.

좀 더 자세히 특정 온도(ex 300K)의 equilibrium 상태(300K 온도 변화 없이 일정하게 유지된 상태)에서 intrinsic Si의 경우 Conduction band와 Valence band를 살펴보자.

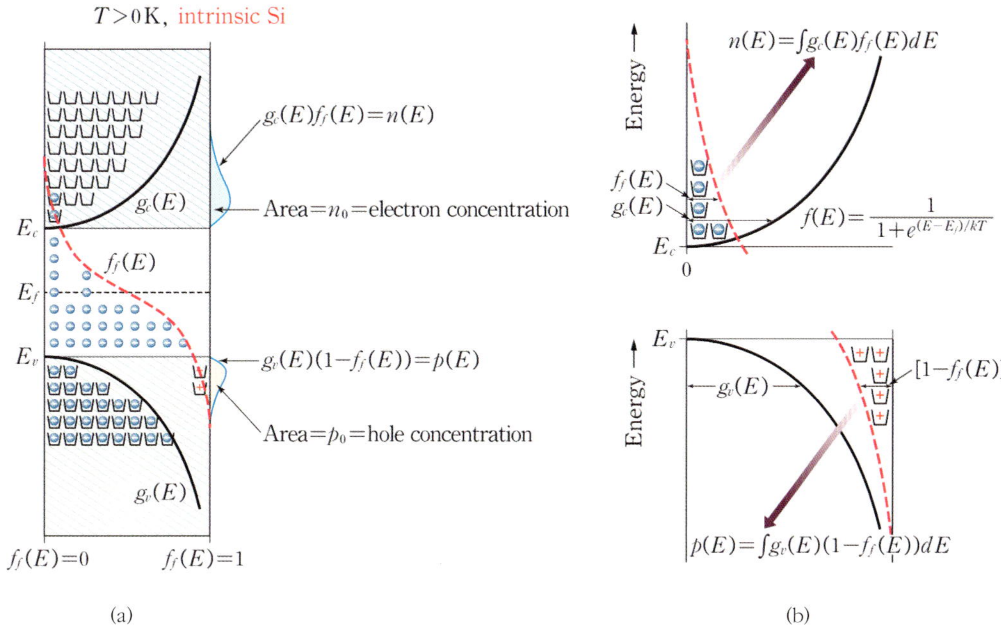

그림 1-19 300K, Intrinsic Si 에너지 밴드갭 내 페르미-디락분포에 따른 전자, 홀의 농도 개념도(a) Conduction band와 Valence band를 확대해서 본 전자와 홀의 농도(b)

그림 1-19와 같이 300K에서 intrinsic Si 에너지 밴드갭을 살펴보자. 먼저 intrinsic이기 때문에 페르미 레벨은 중앙에 위치해 있다. 그리고 300K에서 전자들이 페르미-디락분포식에 따라 Valence band에서 Conduction band로 수증기가 피어 올라가듯이 올라가 천장(Conduction band)을 뚫고 지나가고 있다. Conduction band에 올라간 전자들은 결국 Valence band에서 올라온 것이기 때문에 전자의 수와 홀의 수는 intrinsic의 경우와 같다. 따라서 그림 1-18(a) 파란색 부분($n(E)$)와 노란색 부분($p(E)$)는 같은 개수를 가진다.

그림 1-19(a)의 x-축을 한번 보자. $f(E)=0$(전자 발견확률 0, 0%)에서 시작하여 $f(E)=1$(전자 발견확률 1, 100%)로 이루어져 있다. Valence band근처는 $f(E)$는 1에 가까운 페르미-디락 분포선을 볼 수 있다. 목욕탕 욕조 바닥에는 수증기가 100% 모여 있기 때문에 수증기(전자) 발견 확률은 1이거나 1에 가깝고 Conduction band 근처는 0에 가까운 분포선을

볼 수 있다. 저자가 자주 강조하는 의미는 개념적으로 이해하라는 뜻이다. 그리고 x축도 조심해서 봐야 어디가 0이고 1인지 잘 파악해 보라는 뜻이다.

그림 1-19(b)는 Conduction band와 Valence band를 좀 더 확대해서 본 그림으로 Conduction band의 전자가 근본적으로 Valence band에서 올라온 전자들이기 때문에 전자와 홀은 농도(수)는 일치한다는 뜻이다. 단 intrinsic일 경우만

그림 1-19에서 지금까지 못보던 포물선들($g_c(E)$, $g_v(E)$: Conduction band와 Valence band 안쪽)이 나오는데 이 곡선들은 Conduction band와 Valence band에서 state(빈 방)의 총수($g_c(E)$, $g_v(E)$) 즉 Density of State(DOS)라 부른다. 그런데 왜 빈방의 총수가 포물선처럼 보이느냐고 혹시 물어보면, 옛날 양자역학 과학자들이 총 빈방을 이론적으로 계산해보니 아래와 같이 식이 도출되었다고 한다.

$$g_c(E) = \frac{4\pi(2m_n^*)^{3/2}}{h^3}\sqrt{E-E_C} \quad g_v(E) = \frac{4\pi(2m_p^*)^{3/2}}{h^3}\sqrt{E_V-E}$$

루트 함수 앞의 것들은 모두 상수이기 때문에 곡선은 루트의 함수로 그려진다. 따라서 그림과 같이 루트함수에 따른 포물선이 나온 것이다. DOS에 대해서는 이정도만 알고 넘어 가자.

정리하면, 총 빈방의 수($g_c(E)$, $g_v(E)$)에 페르미-디락 분포식($f(E)$)을 곱하면 전자와 홀의 농도를 계산할 수 있다는 간단한 논리이다.

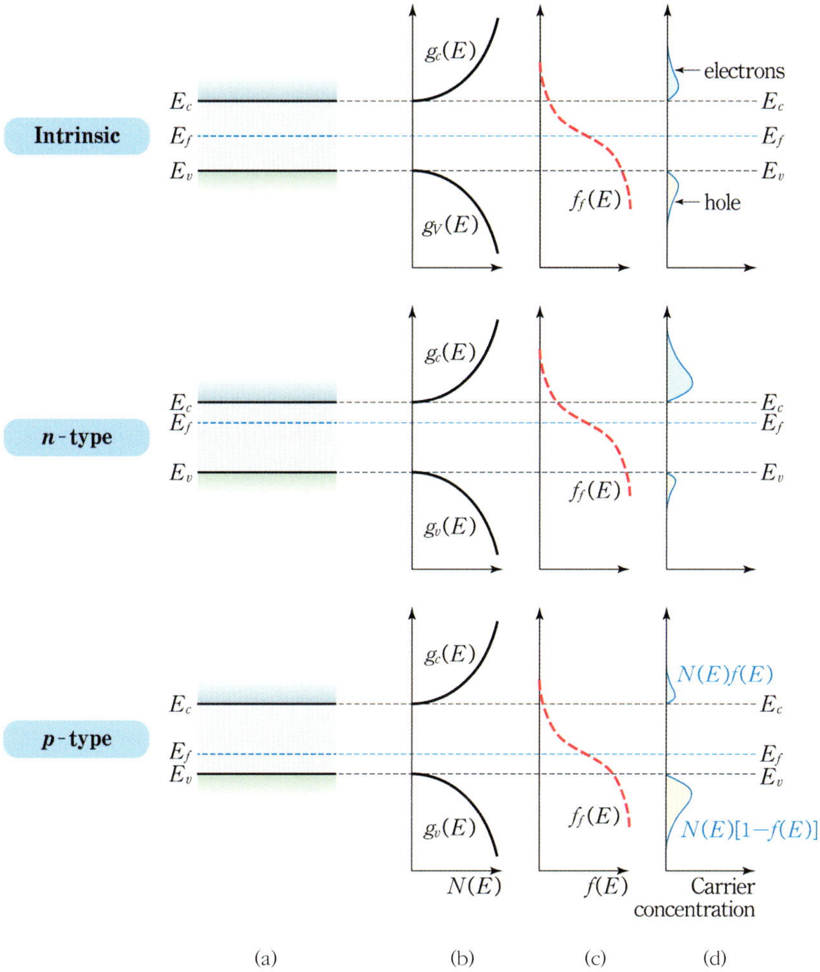

그림 1-20 Intrinsic, n-type, p-type에서 밴드갭(a), DOS(b), 페르미-디락 분포곡선(c), 전자와 홀의 농도(d)를 각각 구분

위 그림은 특정 온도(ex 300K)에서 intrinsic, n-type, p-type Si의 경우 DOS(빈 방수), 페르미-디락분포 곡선, 그리고 전자와 홀의 농도를 각각 분리해서 그렸으니 개념적으로 다시 한번 이해해보기 바란다.

먼저 가장 기준이 되는 intrinsic Si의 경우 페르미-디락 분포곡선은 중앙에 기준선인 페르미 레벨(0.5)을 중심으로 아래와 위로 대칭적으로 분포하고 있다. 따라서 전자의 농도와 홀의 농도도 서로 같다.

n-type의 경우, 먼저 donor-level(E_d)을 위 그림에서 생략하였다. 왜냐하면 뒷장에 E_d의 생성 원리를 배울 기회가 있어 굳이 앞에서 언급하지 않을 뿐이다. n-type이면 먼저 페르미 레벨이 Conduction band 근처에 있어야하고 이 페르미 레벨을 중심으로 위 아래 대칭적으로 페르미-디락 분포곡선을 그리면 Conduction band 위로 곡선이 치고 올라가는 것(그림 1-20(c))을 볼 수 있고 자연스럽게 전자의 농도가 홀의 농도보다 높다(그림 1-20(d))는 것을 알 수 있다. 여기서 Conduction band에 존재하는 전자의 농도가 Valence band의 홀 농도보다 높은 이유는 위 그림에서 생략된 donor level(E_d)에서 전자를 Conduction band로 올려주었기 때문이다. 즉 Conduction band에서 전자의 구성은 Valence band에서 올라온 전자와 donor level에서 올라온 전자로 구성되어 있기 때문에 Valence band의 홀수 보다 많은 것이다.

p-type의 경우도, 먼저 acceptor-level(E_a)을 그림 1-20에서 생략하였다. 왜냐하면 뒷장에 E_a의 생성 원리를 배울 기회가 있어 굳이 앞에서 언급하지 않을 뿐이다. p-type이면 먼저 페르미 레벨이 Valence band 근처에 있어야하고 이 페르미 레벨을 중심으로 위 아래 대칭적으로 페르미-디락 분포곡선을 그리면 Valence band 밑으로 곡선이 치고 내려가는 것(그림 1-20(c))을 볼 수 있고 자연스럽게 홀의 농도가 전자의 농도보다 높다(그림 1-20(d))는 것을 알 수 있다. 여기서 Valence band의 홀 농도가 Conduction band의 전자 농도보다 높은 이유는 여기서 생략된 acceptor level(E_a)로 Valence band로부터 추가로 전자를 올려주면서 Valence band에 남겨진 홀의 수가 더 많아졌기 때문이다. 즉 Valence band에서 홀의 구성은 Valence band에서 acceptor level로 전자를 보내면서 Valence band에 남겨진 홀의 수와 Conduction band로 전자를 보내면서 Valence band에 남겨진 홀의 수의 합이다. 따라서 Valence band의 홀 수(농도)가 Conduction band의 전자 수(농도) 보다 많은 것이다. 이제는 여러분들이 n-type p-type에 전자와 홀 중에 어떤 것이 majority carrier이고 minority carrier인지 스스로 답을 할 수 있다고 본다.

이제 좀 더 실질적으로 열평형 상태에서 전자와 홀의 농도를 계산해보자.

Current(전류) 구성 요소 = electrons in CB + holes in VB

Electrons & Holes = DOS (Density of States) × Fermi Distr.

$$n_0 = \int g_c(E)f(E)dE = N_c\frac{1}{1+e^{(E_c-E_f)/kT}} \approx N_c\exp\left[\frac{-(E_c-E_f)}{kT}\right]$$

$$p_0 = \int g_v(E)(1-f(E))dE = N_v\frac{1}{1+e^{(E_f-E_v)/kT}} \approx N_v\exp\left[\frac{-(E_f-E_v)}{kT}\right]$$

페르미-디락 분포식과 볼츠만근사치를 이용한 전자와 홀의 농도 계산

앞서 설명한 것과 같이 전자와 홀의 농도는 위의 식과 같이 계산이 되는데 실질적으로 적분을 계산하는 데 어려움이 있으니 좀 더 간단하게 계산하기 위해 적분 대신 effective DOS 즉 N_c와 N_v를 사용하였다.

위 두개의 식에서 가장 마지막 식은 Boltzmann approximation(볼츠만 근사치)이라고 하는데 페르미-디락 분포식을 좀 더 간단하게 표현한 것이다.

단 이 볼츠만 근사치를 사용하기 위해서 조건이 있다. 반드시 fermi level에서 ±3kT 이상 즉 ±0.078eV 이상인 지점부터 사용이 가능하다. 만약 ±3kT 이하에서 이 볼츠만 근사치를 사용하여 계산하면 계산의 오류가 크게 날 것이다.

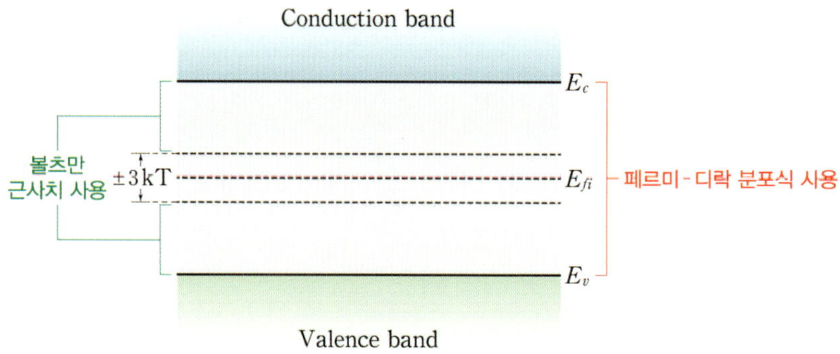

그림 1-21 에너지 밴드갭 내 페르미-디락 분포식 과 볼츠만 근사치를 이용하여 계산할 수 있는 사용 범위

참고 위 수식에 들어가는 effective DOS(N_c, N_v)값과 유효 질량을 정리한 표가 아래에 있으니 참고하기 바란다.

	$N_c(\mathrm{cm}^{-3})$ at 300K	$N_v(\mathrm{cm}^{-3})$ at 300K	m_e/m_0	m_h/m_0
Si	2.8×10^{19}	1.04×10^{19}	1.08	0.56

Tip

왜 N_c와 N_v의 값이 다를까? 양자 역학을 하는 과학자들이 N_c와 N_v값을 도출해 보았고 아래 식처럼 표현이 된다.

$$N_c = 2\left[\frac{2\pi m_n^* kT}{h^2}\right]^{3/2} \qquad N_v = 2\left[\frac{2\pi m_p^* kT}{h^2}\right]^{3/2}$$

여기서 주목해야 할 사항이 N_c와 N_v는 Conduction band와 Valence band에서 각각 빈방의 수이고 빈방의 수가 고전역학으로 설명할 수 없는 전자와 홀의 질량차이로 빈방의 수(밀도)가 달라지고 또한 온도에 따라 빈방의 수가 달라진다는 점이다. 고전 역학에서는 빈방의 개수가 변수로 되는 것은 도저히 일어날 수 없는 현상인데 양자역학에서는 일어난다는 점을 참고로 하자.

Tip

전자나 홀의 유효질량(effective mass)의 물리적 의미는 무엇일까?

위 표에서 전자나 홀의 유효질량을 보면 m_0 대비 얼마의 값으로 표현되고 있다. m_0는 자유전자의 질량으로 9.1×10^{-31}kg이다. 자유전자의 유효질량은 그야말로 진공상태에서 어느 것도 구속을 받지 않은 상태에서 질량이다. 하지만 Si 내 전자와 홀의 유효질량은 자유전자와 달리 원자핵에 구속되어 있다 그것도 하나의 원자핵이 아닌 원자와 원자 간에 결합되어 있는 주변의 모든 원자핵으로부터 구속되어 있다. 따라서 자유전자 대비 Si 원자핵들로부터 구속되어 있는 전자와 홀의 질량을 표현한 것이다. 다른 반도체물질의 전자와 홀의 유효질량은 당연히 Si의 원자핵과 다르므로 전자나 홀의 유효질량도 다를 것이다.

볼츠만 근사치를 이용하여 전자와 홀의 농도를 계산해 보자.

$$n_0=\int g_c(E)f_f(E)dE=N_c\exp\left[\frac{-(E_c-E_f)}{kT}\right]\qquad N_c=2\left[\frac{2\pi m_n^* kT}{h^2}\right]^{3/2}$$

$$p_0=\int g_v(E)(1-f_f(E))dE=N_v\exp\left[\frac{-(E_f-E_v)}{kT}\right]\qquad N_v=2\left[\frac{2\pi m_p^* kT}{h^2}\right]^{3/2}$$

where N_c: effective density of state in CB, $2.8\times10^{19}\text{cm}^{-3}$ for Si, $T=300\text{K}$

N_v: effective density of state in VB, $1.04\times10^{19}\text{cm}^{-3}$ for Si, $T=300\text{K}$

위 식에서 (E_c-E_f)는 Conduction band에서 페르미 레벨이 얼마나 떨어져 있는지를 나타내는 것이고 (E_f-E_v)는 Valence band에서 페르미 레벨이 얼마나 떨어져 있는지는 알면 쉽게 전자와 홀의 농도(수)를 계산할 수 있다.

예를 들어 300K에서 Conduction band에서 페르미 레벨이 0.259eV(10kT)만큼 떨어져 있다면 전자의 농도는 어떻게 되나? 볼츠만 근사치를 사용하면 아래와 같다.

$$f_f(E_C) = \exp\left[\frac{-0.259}{0.0259}\right] = 4.53 \times 10^{-5}$$

$$n_0 = 2.8 \times 10^{19} \ \exp\left[\frac{-0.259}{0.0259}\right] = 1.27 \times 10^{15} \text{cm}^{-3}$$

만약 Conduction band에서 페르미 레벨이 0.259eV(=10kT)만큼 떨어지지 않고 0.0259eV 만큼만 떨어져 있다면 전자의 농도(n_0)는 어마어마하게 커질 것이다. 후자(0.0259eV)의 경우는 페르미 레벨이 Conduction band와 상대적으로 무척 가깝게 있다는 뜻이다. 따라서 페르미 레벨이 Conduction band 근처로 갈수록 전자의 농도가 높아진다는 것을 계산적으로도 알 수 있고 **물리적으로도 상상이 되는 것이 Conduction band에서 0.0259eV만큼 떨어진 지점을 페르미 레벨 기준점(0.5)으로 놓고 페르미-디락 분포 곡선을 위와 아래로 머리 속으로 그려보면 당연히 Conduction band 깊숙이 분포 곡선이 파고 들어가 페르미 레벨 0.259eV 대비 더 많은 전자가 Conduction band 내에 존재하는 것을 상상할 수 있다.** 이렇게 위와 같이 계산식이 의미하는 물리적 의미를 잘 이해하기 바란다. 이해를 돕기 위해 그림 1-20에서 intrinsic 그림의 페르미 레벨을 Conduction band에서 0.259eV 떨어진 지점이라고 가정하고 n-type 그림의 페르미 레벨을 0.0259eV만큼 떨어져 있다고 가정한 후 페르미 디락분포 곡선과 전자의 농도를 서로 비교하면 0.0259eV만큼 떨어진 페르미 레벨(그림 1-20에서는 n-type)의 경우가 Conduction band로 깊숙이 치고 올라가 있고 전자의 농도도 훨씬 높을 것을 볼 수 있다.

또 다른 예를 들어보자.

	300K	400K
$E_c - E_f = 0.259\text{eV}(10kT)$	1.27×10^{15}	2.36×10^{16}
$E_c - E_f = 0.078\text{eV}(3kT)$	1.39×10^{18}	4.48×10^{18}

위 표는 전자의 농도를 계산한 것인데 Conduction band에서 페르미 레벨이 10kT와 3kT만큼 떨어져 있고 각각 300K와 400K에서 전자의 농도를 계산하여 정리한 표이다.

볼츠만 근사치를 이용하여 계산하기 전에 물리적으로 한번 개념을 잡아보자. 먼저 3kT는 10kT보다 Conduction band에 더 가까우므로 전자의 농도는 3kT의 경우 더 높을 거라고 예상되고 온도도 300K 보다는 400K에서 페르미-디락 분포 곡선이 더 급격하게(sharp하게) 혹은 예리하게 곡선을 그리므로 400K의 전자 농도가 더 높을 거라고 개념 잡고 계산을 해보고 비교해보기 바란다.

한가지 주의할 점은 $N_c = 2.8 \times 10^{19} \mathrm{cm}^{-3}$인데 이 값은 분명히 300K에서 값이고 앞서 N_c는 온도에 영향을 받는다고 하였기 때문에 400K에서 N_c는 아래와 같이 다른 값을 가짐을 주의깊게 알아 놓자.

$N_c(\mathrm{at\ 400K}) = 2.8 \times 10^{19} \times (400\mathrm{K}/300\mathrm{K})^{3/2} = 4.3 \times 10^{19} \mathrm{cm}^{-3}$의 값을 가진다.

Valence band에서 홀의 농도도 한번 계산해 보자.

	300K	400K
$E_f - E_v = 0.259\mathrm{eV}(10\mathrm{kT})$	4.72×10^{14}	8.79×10^{15}
$E_f - E_v = 0.078\mathrm{eV}(3\mathrm{kT})$	5.17×10^{17}	1.67×10^{18}

위 표는 홀의 농도를 계산한 것인데 Valence band에서 페르미 레벨이 10kT와 3kT만큼 떨어져 있고 각각 300K와 400K에서 홀의 농도를 계산하여 정리한 표이다.

볼츠만 근사치를 이용하여 계산하기 전에 물리적으로 한번 개념을 잡아보자. 먼저 3kT는 10kT보다 Valence band에 더 가까우므로 홀의 농도는 3kT의 경우 더 높을 거라고 예상되고 온도도 300K 보다는 400K에서 페르미-디락 분포 곡선이 더 sharp 혹은 예리하게 곡선을 그리므로 400K의 홀 농도가 더 높을 거라고 개념 잡고 계산을 해보고 비교해보기 바란다.

한가지 주의 할 점은 $N_v = 1.04\times10^{19}cm^{-3}$인데 이 값은 분명히 300K에서 값이고 앞서 N_v는 온도에 영향을 받는다고 하였기 때문에 400K에서 N_v는 아래와 같이 다른 값을 가짐을 주의 깊게 알아 놓자.

$N_v(\text{at } 400K) = 1.04\times10^{19}\times(400K/300K)^{3/2} = 1.6\times10^{19}cm^{-3}$의 값을 가진다.

자!! 이 정도면 전자의 농도와 홀의 농도에 대해서 충분히 개념도 잡고 계산도 해보았다.

추가로 전혀 도핑이 되지 않은 intrinsic Si의 경우 300K에서 전자와 홀의 농도는 얼마일까?

먼저 intrinsic에서 페르미 레벨 $E_f = E_{fi}$로 표시하고 전자와 홀의 농도는 아래와 같다.

$$n_0 = n_i = N_c \exp\left[\frac{-(E_c - E_{fi})}{kT}\right] \qquad p_0 = p_i = n_i = N_v \exp\left[\frac{-(E_{fi} - E_v)}{kT}\right]$$

$$n_i^2 = N_v N_c \exp\left[\frac{-(E_c - E_{fi})}{kT}\right] \exp\left[\frac{-(E_{fi} - E_v)}{kT}\right]$$

$$= N_c N_v \exp\left[\frac{-(E_c - E_v)}{kT}\right] = N_c N_v \exp\left[\frac{-E_g}{kT}\right]$$

$$n_0 = n_i = 2.8\times10^{19}\times\exp(-0.55/0.0259) = 2.8\times10^{19}\times4.07\times10^{-10} = 1.67\times10^{10}cm^{-3}$$

$$p_0 = p_i = 1.04\times10^{19}\times\exp(-0.55/0.0259) = 1.04\times10^{19}\times5.99\times10^{-10} = 6.23\times10^{9}cm^{-3}$$

위의 계산된 값과 달리 실험적으로 좀더 정확하게 구해진 intrinsic carrier 농도(n_i)는 $1.5\times10^{10}cm^{-3}$의 값을 가진다. 잊지 말아야 할 것은 이 값은 300K에서의 값이라는 것을 잊지 말자. 300K에서 intrinsic의 전자와 홀의 농도값은 외워두는 것이 좋다.

한가지 꼭 기억해야 할 사실은 섹션 1-1에서 intrinsic Si은 반도체인가 부도체인가 질문하였고 답은 부도체라고 하였다. 이유는 전도도에 기여하는 Valence band의 홀과 Conduction band의

전자수(농도)가 각각 $1.5\times10^{10}\text{cm}^{-3}$이다. 하지만 이 정도의 수(농도)로는 전류값이 약 수 pA정도밖에 생성하지 못하기 때문에 n-type이나 p-type 도핑을 적어도 10^{16}cm^{-3} 이상해야 우리가 원하는 전류를 생성할 수 있다. 이 숫자를 꼭 한번 기억했으면 좋겠다. T = 300K에서 intrinsic Si의 경우 Valence band에서 Conduction band로 올라간 전자의 수와 Valence band에 남겨진 홀의 수는 각각 $1.5\times10^{10}\text{cm}^{-3}$이라는 사실(바로 다음 섹션 1-7에서 이 값이 인용된다).

또 한가지, 조그만 지식을 더 쌓고 싶다면?

Intrinsic 페르미 레벨은 개념적으로는 에너지 밴드갭 중앙에 있다고는 알고 있는데 정말 정중앙에 있을까? 답은 아니다. 계산적으로 한번 살펴보자.

먼저 intrinsic이므로 전자와 홀의 농도는 같다는 것부터 시작하자.

즉 $n_i = p_i$

$$N_c\exp\left[\frac{-(E_c-E_{Fi})}{kT}\right] = N_v\exp\left[\frac{-(E_{Fi}-E_v)}{kT}\right]$$

양쪽 식에 자연 로그를 취하면 아래와 같이 된다.

$$E_{Fi} = \frac{1}{2}(E_c+E_v)+\frac{1}{2}kT\,\text{In}\left(\frac{N_v}{N_c}\right)$$

위 식을 유효질량을 넣어 다시 표현하면

$$E_{Fi} = \frac{1}{2}(E_c+E_v)+\frac{3}{4}kT\,\text{In}\left(\frac{m_h^*}{m_e^*}\right)$$

위 식을 보면 오묘하다. 만약 $2(E_c+E_v)/2$만 존재한다면 페르미 레벨은 정확히 에너지 밴드갭 정중앙에 존재할 것이다. 하지만 그 뒤에 추가로 따라오는 식이 있는데 **전자와 홀의 유효질량의 함수로 표현**되어 있다. 이것이 포인트인데 전자와 홀의 유효질량이 다르기 때문에 intrinsic의 경우 페르미 레벨은 정중앙에서 아주 살짝 벗어나 있다. 정량적으로는 12.8meV만큼 아래로 치우쳐져 있다. 그냥 상식적으로만 알자. 위 식을 보면 고전역학으로는 상상이 안되고 양자역학의 특수성으로 그 값이 달라진다는 것을 알아 놓으면 된다. 반도체를 전공하는 저자도 지금까지 별로 써먹을 데도 없었다. 여분의 지식정도로만 알아두면 된다.

✪ Intrinsic Si: 도핑이 전혀 되지 않은 순수 Si. Conduction band 전자 수와 Valence band의 홀수가 같다. 페르미 레벨도 온도와 상관없이 에너지 밴드갭 중앙에 위치

self Q&A

1 **볼츠만 근사치가 정확하기 위해서는 어떤 조건에서 사용되어야 하는가?**

2 Intrinsic carrier concent.(1.5×10^{10}) **값은 온도에 변하는가? 변하지 않는가?**

3 **페르미 레벨과 전자, 홀의 농도 그리고 온도와의 관계에 대해 개념적으로 정리해보라.**

4 Intrinsic **반도체에서 페르미 레벨이 정중앙에 있지 않는 이유는 무엇인가?**

다음 장에서는 n-type p-type 반도체 생성원리에 대해서 공부를 할 것이다.

1-7 n-type, p-type 반도체는 어떤 원리로 만들어지나?

지금까지 우리는 intrinsic 반도체에 대해서 주로 배웠다. intrinsic 반도체는 현실에서 많이 사용되지 않지만 n-type, p-type을 배우기 전에 기본적으로 배워야 할 부분이다. n-type, p-type을 우리는 intrinsic의 반대말 extrinsic 반도체라고 부르고 n-type, p-type으로 구성된 p-n diode를 이해하지 못하면 MOSFET 동작원리도 이해하지 못한다. 이번 섹션에서는 n-type, p-type 생성원리에 대해서 공부하겠다. n-type, p-type 생성 원리에 대해서 전공책을 읽어봐도 애매모호하게 설명 되어 있어 저자가 좀 더 이해가 쉽게 머리 속으로 그려지게끔 설명하였으니 잘 이해하면 나중에 큰 도움이 될 것이다.

먼저 알아야 할 사항

1. n-type 반도체의 majority carrier는 전자이고 minority carrier는 홀이다.

2. p-type 반도체의 majority carrier는 홀이고 minority carrier는 전자이다.

3. n-type 반도체의 majority carrier는 전자(-극성)이다 보니 n-type반도체의 극성은 negative라고 오해할 수 있는데 열적평형상태에서 물질 자체는 중성이다.

4. p-type 반도체의 majority carrier는 홀(+극성)이다 보니 p-type반도체의 극성은 positive라고 오해할 수 있는데 열적평형상태에서 물질 자체는 중성이다.

특히 n-type, p-type 물질 자체는 중성이라는 구체적인 설명은 이 섹션을 읽고 나면 무릎을 탁 칠것이다. 그리고 n-type, p-type 생성원리 설명을 읽으면서 감탄을 연발한 수강자들이 여럿 있었음을 미리 밝혀둔다. 잘 읽어 보시라.

먼저 n-type반도체에 대해서 설명한 전공책 부분을 다시 한번 보자.

3A	4A	5A
5 **B**	6 **C**	7 **N**
13 **Al**	14 **Si**	15 **P**

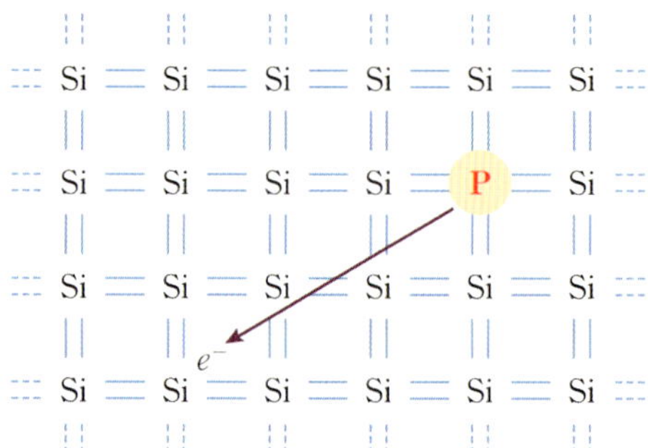

그림 1-22 4족 Si과 5족 P를 보여주는 주기율표와 전공책에서 n-type되는 원리 도식화

먼저 n-type Si 반도체를 만들려면 도핑 과정을 거쳐야 하는데 가장 많이 사용하는 방법이 이온주입기(ion-implantation)를 통한 도핑이다. n-type도핑은 Si이 4족에 해당하므로 majority carrier로 전자가 되기 위해 5족에 해당하는 원소를 골라야 하는데 가장 많이 사용하는 원소가 P(Phosphorus, 인)이다(그림 1-22). 이렇게 P원소를 이용하여 이온주입기로 특정 도핑의 농도를 임의 선택하여 위 오른쪽 그림처럼 도핑을 할 수 있다. 입방 센치당(cm^{-3}) Si의 원자 개수가 $5\times10^{22}cm^{-3}$개라고 하면(편의상 $10^{22}cm^{-3}$개) 보통 n-type 도핑은 적게는 $10^{15}cm^{-3}$에서 많게는 $10^{20}cm^{-3}$으로 도핑을 한다. **여기서는 예를 들어 $10^{16}cm^{-3}$정도 도핑(N_d) 하였다고 가정하자.** 그러면 $10^{16}/10^{22}$로 Si 1,000,000개당 1개의 P가 도핑되었다고 할 수 있다.

우선 전공책의 설명을 다시 한번 리뷰하자. **전공책에서는 P의 여분의 전자 하나가 Si으로 내주어서 n-type화 된다고 설명되어 있다. 논리적으로 이해가 가지 않는 부분이다.**

정확히 따져보면 n-type화 되기 위해서는 donor level(E_d)에서 특정 온도(ex 300K)에 의해 전자가 여기(excitation)되어 Conduction band(E_c)에 전자가 올라가고(그림 1-24(d) 참조) Conduction band의 전자의 수(n_0)는 donor level(E_d)에서 올라온 전자 수(10^{16}cm^{-3})와 Valence band에서 올라온 전자 수(극소수)의 합으로 Valence band(E_v)에 남겨진 홀의 수(극소수)보다 많아져서(전자수 in E_c(=10^{16}+극소수) ≫ 홀수 in E_v(=극소수)) majority carrier는 전자가 되기 때문에 우리는 n-type이라 부른다. (E_c로 올라간 전자수=E_d에서 올라간 전자 수+E_v에서 올라간 전자 수)

Tip 위 설명 중 극소수의 의미는 T=300K의 열에너지로는 E_v의 전자 중 극소수만 E_c로 올라간다는 의미이다.

그럼 P도핑을 했을 경우 어떻게 donor level이 형성이 될까 궁금하다.

바로 위에서 설명한 것처럼 P 도핑을 10^{16}cm^{-3}정도 도핑하였다고 가정하자. 그러면 $10^{16}/10^{22}$로 Si 1,000,000개당 1개의 P가 도핑되었다고 할 수 있다.

하지만 아래 그림에서는 편의상 Si과 P가 1:1로 화학적 결합을 보여준다.

• 14번 Si : $1s^2\ 2s^2,\ 2p^6\ 3s^2\ 3p^2$: 최외각 $3p^6$ **자리에 2개의 전자가 채워져 있고 4개의 빈 방 State**

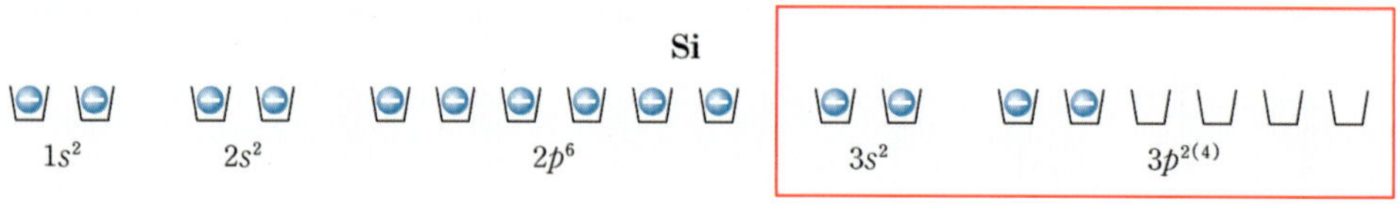

(a)

• 15번 P : $1s^2\ 2s^2,\ 2p^6\ 3s^2\ 3p^3$: 최외각 $3p^6$ **자리에 3개의 전자가 채워져 있고 3개의 빈 방 State**

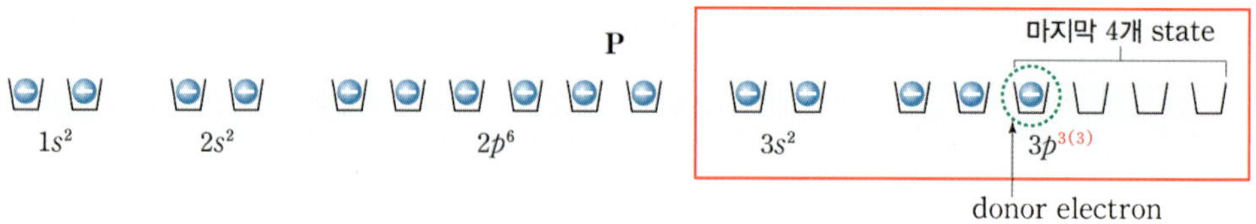

(b)

그림 1-23 Si의 오비탈 구조(a)와 P의 오비탈 구조(b)

이 책의 가장 앞부분인 에너지 밴드갭 생성원리를 다시 한번 정리해 보자. 두개의 Si이 화학적 결합이 일어나면 최외각 오비탈($3s^2$, $3p^6$)이 서로 overlap되고 split되어 새로운 밴드갭이 형성된다고 설명하였다. 단독 원자일 경우, 최외각 오비탈은 하나의 원자핵(+극성)으로부터만 영향을 받을 텐데 화학적 결합을 하게 되면 주변의 원자핵들(+극성)로부터도 영향을 받아 최외각 궤도와 원자핵간에 당기는 힘과 반발력이 상호 작용하여 전자가 채워진 state($3s^2$, $3p^2$)는 원자핵과의 당기는 힘으로 에너지 준위가 낮은 아래쪽으로 전자가 채워지지 않은 state($3p^4$)는 원자핵과의 반발력으로 에너지 준위가 높은 쪽으로 이동하면서 자연스럽게 에너지 밴드갭이 형성된다.

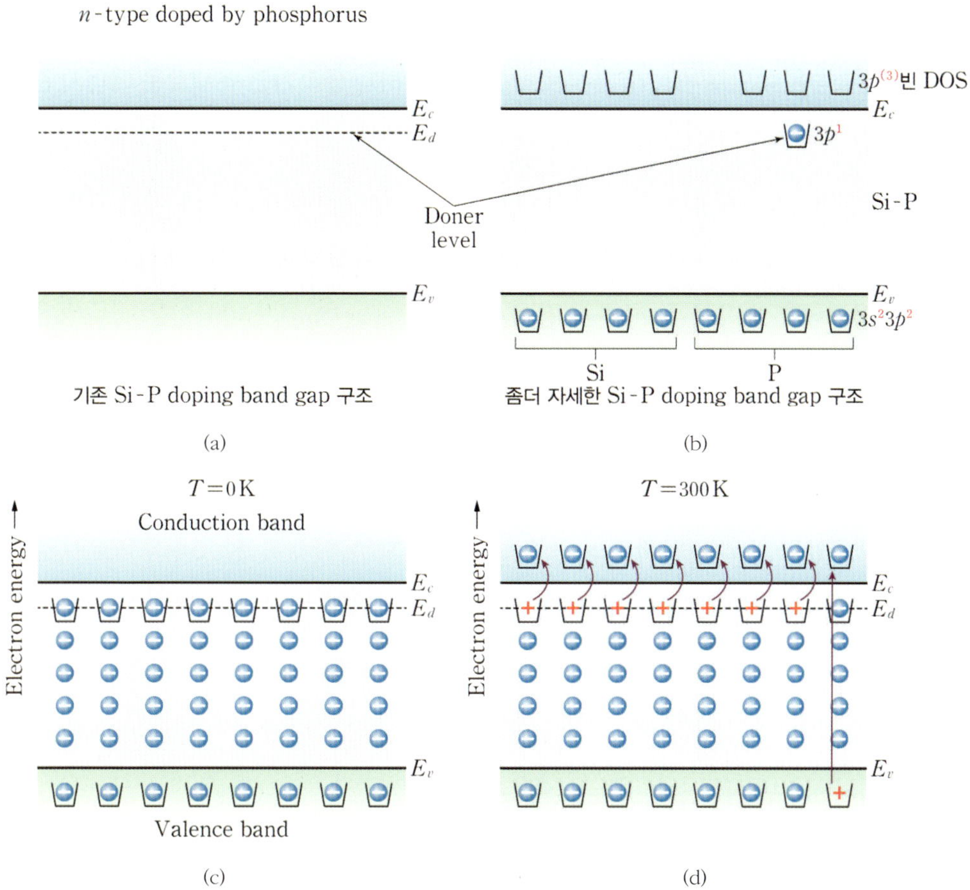

그림 1-24 n-type 에너지 밴드 그림과 구체적인 n-type : 전공책에서 n-type(a), 이해하기 쉬운 n-type(b), T=0K에서 n-type 내 전자 분포(c), T=300K에서 n-type 내 전자 분포(d)

위 그림 1-24(b)와 같이 **Si과 P의 화학적 결합**도 전체적으로 Si-Si 화학적 결합과 같은 메커니즘으로 일어난다. 최외각 오비탈에서 **전자로 채워진 state의 경우** Si은 state($3s^2$, $3p^2$)이고 P의 state($3s^2$, $3p^2$)도 같은 오비탈 구조로 이루어져 있어 모두 에너지 준위가 낮은 쪽으로 이동하고, 단 **채워지지 않은 빈 state가 중요한데** Si의 경우 최외각 오비탈 state($3p^4$)는 Si-Si의 결합방식과 같이 에너지 준위가 높은 쪽으로 모두 올라가고 **P의 경우는 마지막 4개의 state ($3p^4$) (그림 1-23(b)) 중에 비어있는 3개 state($3p^3$)는 에너지 준위가 높은 쪽으로 가고, 전**

자로 채워진 state($3p^1$)는 P의 원자핵(+극성)과 주변의 Si 원자핵(+극성)과의 당기는 힘으로 에너지 준위가 높은 쪽으로 완전히 가지 못하고 어중간하게 올라가면서 새로운 에너지 준위 즉 donor level(E_d)을 형성한다(그림 1-24(b)). 원자핵(+극성) 입장에서 P의 **마지막 4개의 state 중** 비어있는 state($3p^3$)와 전자가 채워진 state($3p^1$)의 두가지 경우를 비교하면 화학적 결합 시 반발력이나 당기는 힘은 비어있는 state와 전자로 채워진 state는 서로 다를 수 밖에 없다는 것이 상식이라고 생각한다. 따라서 전자가 채워진 state($3p^1$)가 비어있는 state($3p^3$)처럼 완전히 높은 준위(Conduction band(E_c)로 형성됨)로 올라가지 못하고 그 아래 어중간하게 올라가면서 **새로운 donor level(E_d)를 형성하는 것이다.** 어중간하게 올라간다고 설명한 부분은 정성적으로 표현한 것이고 정량적으로는 P가 도핑 되었느냐 아니면 As이나 다른 5족 원소로 도핑되었을 경우 원자핵과의 반발력 또는 당기는 힘이 각 원소마다 다르므로 어중간하게 올라가는 정도가 달라서 5족 각 원소들의 E_d 에너지 레벨 즉 Conduction band에서 E_d와의 에너지 간격은 달라질 수 밖에 없다. 반도체 엔지니어는 이 E_d값을 잘 참고하여 필요에 따라 적정한 도핑을 할 수도 있다. 예를 들어 E_d의 에너지 준위가 Conduction band와 너무 떨어져 있으면(예를 들어 E_d=0.5eV 정도 떨어져 있는 경우(즉 E_c에서 E_d까지 0.5eV), 참고로 intrinsic fermi level(E_{fi})이 Si Conduction band에서 약 0.55eV 떨어져 있음) donor level에 위치한 전자 모두를 Conduction band로 여기(excitation) 시키는데 많은 에너지가 필요하다. 이 경우 300K 열에너지(=0.0259eV)로는 불충분하여 n-type화 하기 어렵다. 따라서 300K에서 donor level의 전자를 모두 여기 시켜 n-type화 하기 위해서 적절한 불순물(impurity) 원소를 골라야 한다. 다행히도 P는 Conduction band에서 0.04eV정도 떨어져 donor level을 형성하고 있어 300K에서 거의 대부분 전자들을 여기 시키기 때문에 지금까지 P가 n-type 불순물로 가장 많이 사용되고 있다. (그림 1-25 참조)

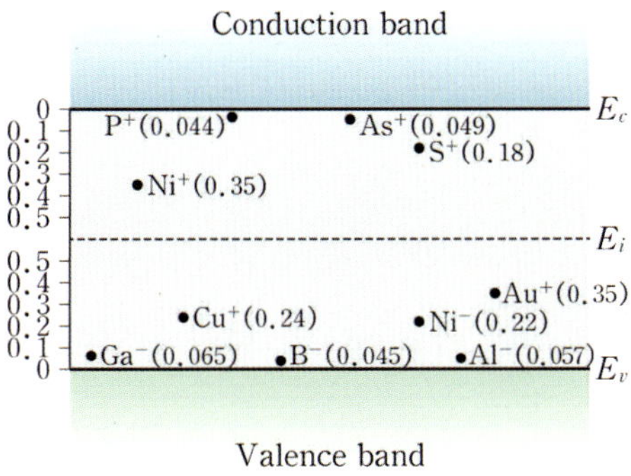

그림 1-25 Si 반도체 에너지 밴드갭 내 여러 불순물 도핑 후 에너지 준위(E_d)

일단 Si-P 결합이 일어나면 절대온도 0K에서 위 그림 1-24(c)처럼 형성될 것이다.

Conduction band 가까이 E_d가 형성되고 $T=0$K에서는 E_d(전자 발견 확률 1)와 Conduction band(E_c) (전자 발견 확률 0) 사이에 페르미 레벨(전자 발견 확률 0.5)이 존재하는 것을 상상할 수 있다. 다시 말하지만 페르미 레벨은 페르미-디락 분포 곡선에서 추출된 수학적 가이드라인이지 물리적으로 존재하는 선은 아니다. 반면 E_c(Conduction band), E_v(Valence band), E_d(Donor level)은 에너지 밴드(띠) 또는 오비탈(궤도)이며 물리적으로 당연히 존재한다.

$T=300$K인 경우를 보자. 300K 열에너지로 E_d에 존재하는 전자들 대부분은 Conduction band(E_c)로 올라가고 Valence band(E_v)의 전자 극히 일부도 페르미-디락 분포식에 따라 E_c로 올라간다. 이렇게 Conduction band로 올라간 전자들이 majority carrier를 이루고 전류 형성에 기여를 한다(그림 1-24(d)).

이제 극성(Polarity)을 살펴보자. 300K에서 donor level(E_d)(중성극성)에서 E_c로 전자가 올라간 후 남겨진 state는 positive 극성을 나타낸다(그림 1-24(d)). 하지만 이것을 우리는 홀이라 부르지 않는다. 앞서 정의한 것처럼 홀은 Valence band에서 전자가 떠난 후 남겨진 state

를 홀(+극성)이라 부르고 이 홀은 특정 값의 유효질량(effective mass)과 이동도(mobility)를 가진다. E_d에 남겨진 state는 극성이 positive(+)이지만 전류에 기여하지는 못한다. 만약 어느 학생이 E_d에 남겨진 positive state는 왜 홀처럼 전류에 기여하지 못 하나라고 물어보면 저자는 이렇게 대답하고 싶다. 만약 E_d에 남겨진 positive state(+극성)들이 홀처럼 전류에 기여한다고 가정하면 Si이 아닌 SiO_2와 같이 완벽한 절연체 즉 에너지 밴드갭이 9.0eV같은 물질에 n-type 불순물을 도핑한다면 E_d에 남겨진 positive state들이 홀처럼 전류가 흘러야 하는데 실제로는 절대 그런 일은 발생하지 않는다.

다시 본론으로 돌아와서 그림 1-24(d)에서 Conduction band로 올라가 전자로 채워진 state의 극성은 모두 negative이고 전자가 올라간 후 E_d에 남겨진 state의 극성은 positive, Valence band(E_v)에 남겨진 state즉 홀도 positive이다. 물론 외부에서 어떤 에너지가 가해진 것은 없다는 가정하에서이다(열적 평형상태).

위 설명에서 가장 중요한 부분은 E_d에서의 전자가 Conduction band로 올라간 후 E_d에 남겨진 state의 극성은 positive임을 명심 명심하자. 이것만 명심하면 앞으로 depletion(공핍층)의 개념을 확실히 가질 수 있다.

따라서 위 상황에서 positive, negative 모두 상쇄되어 전체 n-type 물질의 극성은 중성(neutral)이 된다.

문제는 그 다음부터이다. Conduction band로 올라간 전자들은 추가 외부 에너지 또는 확산 없이 열평형 상태(at 300K)라면 전자들은 다시 E_d와 Valence band로 recombination되고 다시 excitation되고를 반복만 할 것이다. 그냥 전자들이 위로 아래로 무한 반복만 일어난다는 뜻이다.

하지만 p-type과 접합이 되면서 확산이 일어나거나 외부 전압을 가하면서 Conduction band의 전자들이 이동해 버려 Conduction band의 전자가 사라진다면 n-type 반도체의 극성은 더 이상 중성(neutral)이 아닌 positive (+)극성을 띄게 된다. **왜냐하면 negative 극성을 가진 전자(in E_c)들이 사라져 버리고 E_d에 남겨진 positive state에 의해 전체 극성은 positive (+) 극성으로 표현된다.** (그림 1-24(d)에서 E_c의 전자들이 없어졌다고 상상해보라) (우리는 이것을 positive ion화 되었다고 한다. 쉽게 설명하면 원자에서 최외각 전자만 사라졌기 때문에 과학 시간에 많이 배운 이온화가 된 것이다. 극성은 positive이다)

지금까지 설명은 추후 배울 p-n다이오드에서 p-n 접합후 n지역 전자들이 p지역으로 확산 후 남겨진 지역을 depletion(공핍층)지역이라 하고 +극성을 띠고 있으며 좀더 정확히 표현하면 n지역 공핍층(depletion)이며 왜 이 공핍층이 +극성을 나타내는지 설명하기 위한 가장 기본적인 설명이 된다.

동영상 링크 : https://www.youtube.com/watch?v=yxr_YbCSr1Y&t=21s
유튜브 검색 키워드 : n-type 반도체가 되는 원리, 앤디솔

다음은 p-type반도체에 대해서 설명한 전공책 부분을 다시 한번 보자.

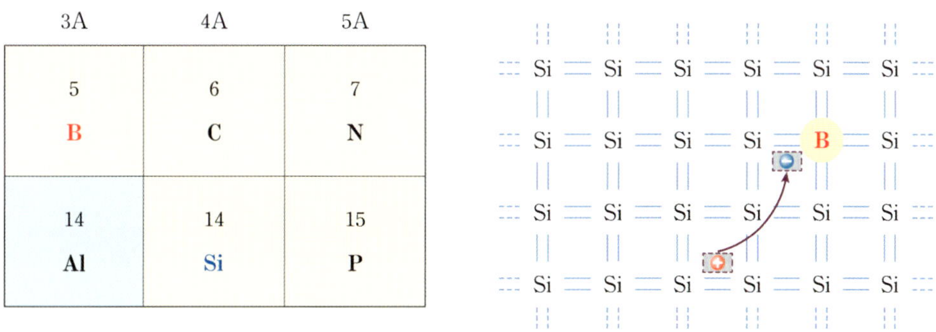

그림 1-26 4족 Si과 3족 B를 보여주는 주기율표와 전공책에서 p-type되는 원리 도식화

먼저 p-type Si 반도체를 만들려면 도핑 과정을 거쳐야 하는데 가장 많이 사용하는 방법이 이온주입기(ion-implantation)를 통한 도핑이다. p-type도핑은 Si이 4족에 해당하므로 majority carrier로 홀이 되기 위해 3족에 해당하는 원소를 골라야 하는데 가장 많이 사용하는 원소가 B(Boron, 붕소)이다(그림 1-26). 이렇게 B원소를 이용하여 이온주입기로 특정 도핑의 농도를 임의 조절하여 위 오른쪽 그림처럼 도핑을 할 수 있다. 입방 센치당(cm^{-3}) Si의 원자 개수가 $5 \times 10^{22} cm^{-3}$개라고 하면(편의상 $10^{22} cm^{-3}$개) 보통 p-type 도핑은 적게는 $10^{15} cm^{-3}$에서 많게는 $10^{20} cm^{-3}$로도 도핑을 한다. 여기서는 **예를 들어 $10^{16} cm^{-3}$정도 도핑(N_a)하였다고 가정하자**. 그러면 $10^{16}/10^{22}$로 Si 1,000,000개당 1개의 B이 도핑되었다고 할 수 있다.

우선 전공책의 설명을 다시 한번 리뷰하자. 전공책에서는 **Si의 최외각 전자 하나를 B으로 내주면서 홀이 생기고 p-type화 된다고 설명되어 있다. 논리적으로 이해가 가지 않는 부분이다. 머리 속으로 전혀 그림이 그려지지 않는다.**

정확히 따져보면 p-type화 되기 위해서는 특정 온도(ex 300K)에 의해 Valence band의 전자들이 acceptor level(E_a)로 대부분 올라가고(**$10^{16} cm^{-3}$**)(그림 1-28(d) 참조) 또 아주 극히 일부는 Conduction band로도 올라간다(극소수). 따라서 Valence band(E_v)의 남겨진 홀의 수는 Valence band에서 전자가 acceptor level(E_a)(**$10^{16} cm^{-3}$**)과 Conduction band로 직접 올라간 뒤(극소수) Valence band에 남겨진 홀의 수(**10^{16}+극소수**)로 Conduction band로 직접 올라간 전자 수(극소수) 보다 많아져서(홀의 수 in E_v(=**10^{16}+극소수**) ≫ 전자의 수 in E_c(=극소수)) majority carrier는 홀이 되기 때문에 우리는 p-type이라 부른다. (E_v에 남겨진 홀수(**10^{16}+극소수**)=E_a로 올라간 전자 수(**$10^{16} cm^{-3}$**) + E_c로 올라간 전자 수(극소수))

Tip

위 설명 중 극소수의 의미는 T=300K의 열에너지로는 E_v의 전자 중 극소수만 E_c로 올라간다는 의미이다.

그럼 어떻게 B 도핑을 했을 경우 acceptor level(E_a)이 형성이 될까 궁금하다.

바로 위에서 설명한 것처럼 B 도핑을 $10^{16}cm^{-3}$정도 도핑하였다고 가정하자. 그러면 $10^{16}/10^{22}$로 Si 1,000,000개당 1개의 B가 도핑되었다고 할 수 있다.

하지만 아래 그림에서는 편의상 Si과 B가 1:1로 화학적 결합을 보여준다.

- 14번 Si : $1s^2$ $2s^2$, $2p^6$ $3s^2$ $3p^2$: 최외각 $3p^6$ **자리에 2개의 전자가 채워져 있고 4개의 빈방 State**

- 5번 B : $1s^2$ $2s^2$, $2p^1$: 최외각 $2s^2$, $2p^6$ **자리에 1개의 전자가 채워져 있고 5개의 빈방 State**

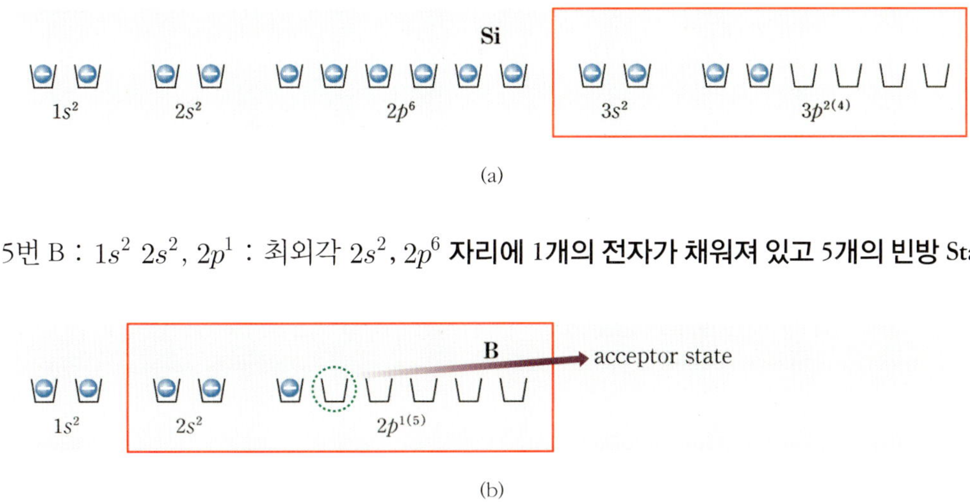

그림 1-27 Si의 오비탈 구조(a)와 B의 오비탈 구조(b)

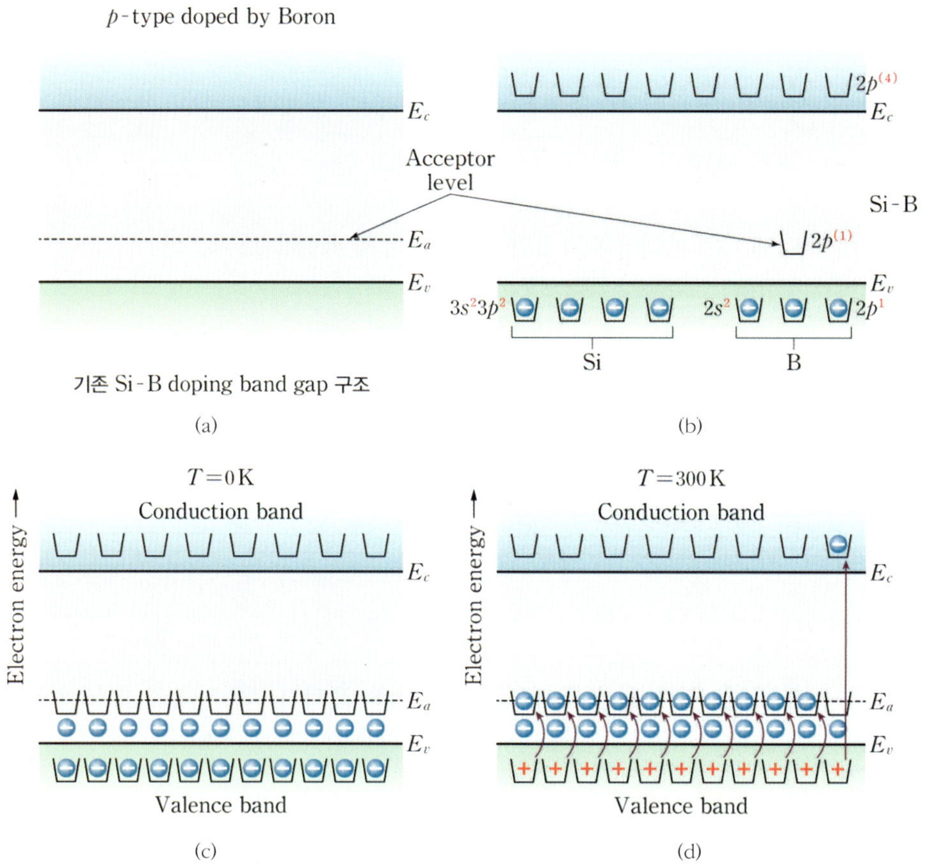

그림 1-28 p-type 에너지 밴드 그림과 구체적인 p-type : 전공책에서 p-type(a), 이해하기 쉬운 p-type(b), T=0K에서 p-type 내 전자 분포(c), T=300K에서 p-type 내 전자 분포(d)

그림 1-28과 같이 Si과 B의 화학적 결합도 전체적으로 Si-Si 화학적 결합과 같은 메커니즘으로 일어난다. **전자로 채워진 state의 경우** Si은 state($3s^2$, $3p^2$)이고 B와 화학적 결합 후 에너지 준위가 낮은 쪽으로 이동하여 Valence band로 형성되고 B의 전자로 채워진 state($2s^2$, $2p^1$)와 비어있는 state $2p^1$ **총4개**가 에너지준위가 낮은 쪽 즉 Valence band쪽으로 이동해야 하는데 그 중 **비어있는 $2p^1$ state가 B의 원자핵(+극성)과 주변의 Si 원자핵(+극성)과의 당기는 힘의 차이로 에너지 준위가 낮은 쪽으로 완전히 가지 못하고 어중간하게 내려가면서 새로운**

에너지 준위 즉 acceptor level(E_a)을 형성한다. (그림 1-28(b) 참조) 원자핵(+극성) 입장에서 B의 전자로 채워진 state($2s^2$, $2p^1$)와 비어있는 state $2p^1$의 두가지 경우를 비교하면 화학적 결합 시 반발력이나 당기는 힘은 전자로 채워진 state와 비어있는 state와는 서로 다를 수 밖에 없다는 것이 상식이라고 생각한다. 따라서 B의 비어있는 state($2p^1$)가 완전히 낮은 준위(Valence band로 형성됨)로 내려가지 못하고 Valence band 위쪽 어중간하게 위치해 있으면서 새로운 acceptor level(E_a)를 형성하는 것이다. 어중간하게 내려간다고 설명한 부분은 정성적으로 표현한 것이고 정량적으로는 B가 도핑 되었느냐 아니면 Al이나 다른 3족 원소로 도핑 되었을 경우 원자핵과의 반발력 또는 당기는 힘이 각 원소마다 다르므로 어중간하게 내려가는 정도가 달라서 3족 각 원소들의 E_a의 에너지 레벨 즉 Valence band에서 E_a와의 에너지 간격은 달라질 수 밖에 없다. 반도체 엔지니어는 이 E_a값을 잘 참고하여 필요에 따라 적정한 도핑을 할 수도 있다. 예를 들어 E_a의 에너지 준위가 Valence band와 너무 떨어져 있으면(예를 들어 E_a=0.5eV 정도 떨어져 있는 경우(즉 E_v에서 E_a까지 0.5eV), 참고로 intrinsic fermi level(E_{fi})이 Si Valence band에서 약 0.55eV 떨어져 있음) Valence band에서 acceptor level로 전자 모두를 여기(excitation) 시키는데 많은 에너지가 필요하다. 이 경우 300K 열에너지(=0.0259eV)로는 불충분하여 p-type화 하기 어렵다. 따라서 300K에서 Valence band의 전자 모두를 acceptor level로 여기 시켜 Valence band에 홀이 남겨지게 해서 p-type화 하는데 적절한 불순물(impurity) 원소를 골라야 한다. B는 Valence band에서 0.045eV정도 떨어져 acceptor level을 형성하고 있어 300K에서 Valence band의 전자들을 거의 대부분 전자들을 E_a로 여기 시킨 후 Valence band에는 홀들이 남겨지게 된다. 지금까지 B(Boron)이 p-type 불순물로 가장 많이 사용되고 있다(그림 1-28(d) 참조).

일단 Si-B 결합이 일어나면 절대온도 0K에서 위 그림 1-28(c)처럼 형성될 것이다.

Valence band 가까이 E_a가 형성되고 0K에서는 E_a(전자 발견 확률 0)와 Valence band(E_v) (전자 발견 확률 1) 사이에 페르미 레벨(전자 발견 확률 0.5)이 존재하는 것을 상상할 수 있다. 다시 말하지만 페르미 레벨은 페르미-디락 분포 곡선에서 추출된 수학적 가이드라인이지 물리적으로 존재하는 선은 아니다. 반면 E_c(Conduction band), E_v(Valence band), E_a(acceptor level)는 에너지 밴드(띠) 또는 오비탈(궤도)에 해당되며 물리적으로 당연히 존재한다.

$T=300K$인 경우를 보자. 300K 열에너지로 E_a에 존재하는 빈 state 대부분은 Valence band(E_v)로부터 전자가 올라가 채워지고 Valence band(E_v)의 전자 극히 일부도 페르미-디락 뷴포식에 따라 Conduction band로 올라간다. 이렇게 Valence band에 남겨진 홀들이 majority carrier를 이루고 전류 형성에 기여를 한다(그림 1-28(d)).

이제 극성(Polarity)을 살펴보자. 300K에서 Valence band에서 acceptor level(E_a)의 빈 state(중성극성)로 전자가 올라간 후 acceptor level은 극성이 negative로 되고 Valence band에 남겨진 state는 홀이라 부르고 극성은 positive를 나타낸다(그림 1-28(d)). Acceptor로 올라간 전자논 전류에 기여하지 못한다. 전류에 기여하는 전자는 반드시 Conduction band에 있어야 하며 홀은 반드시 Valence band에 있어야 전류에 기여한다. E_a로 올라간 전자의 극성이 negative이지만 전류에 기여하지는 못한다. 만약 어느 학생이 E_a로 올라간 전자가 왜 전류에 기여하지 못 하나라고 물어보면 저자는 이렇게 대답하고 싶다. 만약 E_a로 올라간 전자들이 전류에 기여한다고 가정하면 Si이 아닌 SiO_2와 같이 완벽한 절연체 즉 에너지 밴드갭이 9.0eV같은 물질에 p-type 불순물을 도핑한다면 E_a로 올라간 전자들이 전류로 나타나야 하는데 실제로는 절대 그런 일은 발생하지 않는다.

다시 본론으로 돌아와서 Valence band(E_v)에서 전자가 여기된 후 남겨진 홀은 positive, 비어있는 E_a에 전자로 채워지면 극성은 negative, Conduction band로 올라가 전자로 채워진 state의 극성도 모두 negative이다. 물론 외부에서 어떤 에너지가 가해진 것은 없다는 가정하에서이다(열적 평형상태).

위 설명에서 가장 중요한 부분은 E_a로 Valence band로부터 전자가 올라가 비어있는 E_a state를 채운후 극성은 negative임을 명심하자. 이것만 명심하면 앞으로 depletion의 개념을 확실히 가질 수 있다.
따라서 위 상황에서는 positive, negative 모두 상쇄되어 전체 p-type 물질의 극성은 중성(neutral)이 된다.

문제는 그 다음부터이다. Valence band에서 E_a와 Conduction band로 올라간 전자들은 추가 외부 에너지 또는 확산없이 열평형 상태(at 300K)라면 전자들은 다시 Valence band로 recombination되고 다시 excitation되고를 반복만 할 것이다. 그냥 전자들이 위로 아래로 무한 반복만 일어난다는 뜻이다.

하지만 n-type과 접합이 되면서 확산이 일어나거나 외부 전압을 가하면서 Valence band의 홀들이 이동해 버려 더 이상 Valence band에 홀이 없다면 p-type 반도체의 극성은 더 이상 중성(neutral)이 아닌 negative 극성을 띄게 된다. **왜냐하면 positive 극성을 가진 홀($in\ E_v$)들이 사라져 버리고 E_a에 전자로 채워진 전자에 의해 전체 극성은 negative 극성으로 된다.** (우리는 이것을 negative ion화 되었다고 한다. p-type에서 홀이 사라지면서 negative ion되는 현상을 상상하기가 n-type에서 전자가 사라져 positive ion화 되는 현상보다 어렵게 느껴진다. **특히 그림 1-26의 Si-B 원자적 결합으로 p-type 설명은 이해하기 어렵고 에너지 밴드갭으로 설명해야 분명히 이해할 수 있다(그림 1-28(d)).**

지금까지 설명은 추후 배울 p-n다이오드에서 p-n 접합후 p지역 홀들이 n지역으로 확산 후 남겨진 지역을 depletion(공핍층)지역이라 하고 −(negative)극성을 띠고 있으며 좀더 정확히 표현하면 p지역 공핍층(depletion)이며 왜 이 공핍층이 −극성을 나타내는지 설명하기 위한 가장 기본적인 설명이 된다.

정리

n-type, p-type 반도체가 되는 원리를 에너지 밴드갭을 통해서 배웠다. 전공책은 Si-P 원자간 배열을 통해 n-type, Si-B 원자간 배열을 통해 p-type 반도체 생성원리를 설명했지만 논리적으로 이해가 가지 않는다. 저자는 에너지 밴드갭을 이용해 설명한 결과 많은 수강생들이 훨씬 이해하기 쉽다는 수강 후기가 있다. n-type, p-type 반도체를 배우는 목적은 p-n 다이오드 동작원리를 알기 위함도 있고 p-n diode에서 생기는 depletion 영역을 좀 더 쉽게 이해하기 위함이다.

self Q&A

1 **Si에 Boron 불순물을 도핑하였을 때 어떤 메커니즘으로 p-type이 되는 설명해보아라.**

2 **P-doped Si의 경우 Conduction band에 전자가 확산을 통해 사라져버렸다면 P-doped Si의 극성은 어떻게 되나?**

3 **B-doped Si의 경우 Valence band에 홀이 확산을 통해 사라져버렸다면 B-doped Si의 극성은 어떻게 되나?**

1-8 n-type, p-type 반도체의 carrier[1] 농도 계산

Intrinsic Si의 경우 Conduction band의 전자와 Valence band의 홀 농도(수)는 서로 같다. 왜냐하면 전혀 doping이 되지 않은 순수한 Si의 경우 Conduction band의 전자는 100% Valence band에서 온 것이고 남겨진 Valence band의 홀수와 Conduction band의 전자의 수는 같다. 그러므로 페르미 레벨의 위치도 중앙에 있다. 민감한 사람들은 페르미 레벨이 전자와 홀의 유효질량 차이로 살짝 아래로 12.8meV만큼 치우쳐져 있다고 말한다. 아무튼 절대 온도 0K든 300K든 상상하기 힘든 10,000K든 Valence band에서 전자가 열에너지 받아 Conduction band로 올라가지만(10,000K에는 대부분 물질이 모두 녹아 내리겠지만 그냥 높은 온도라는 의미로만 생각) 결국 전자와 홀의 수는 같아서 페르미 레벨은 온도가 변화해도 움직이지 않는다. 우리는 여기서 깨달아야 할 사항은 페르미 레벨의 위치에 따라 n-type인지 p-type인지 알 수 있으며 majority carrier가 전자 인지 홀 인지도 알 수 있다. **이번 섹션에서는 n-type, p-type에서 donor level(E_d)과 acceptor level(E_a)의 도핑농도(N_d, N_a)에 따라 그리고 온도에 따른 페르미 레벨의 위치가 어떻게 바뀌고 왜 바뀌는지 물리적인 개념을 이해하고 넘어갈 것이다.** 그리고 전자, 홀의 농도(n_0, p_0)와 페르미 레벨 위치의 상관관계를 여러 방법으로 구할 수 있는 공식에 대해서도 소개를 하겠다.

앞으로 나올 주요 terminology를 정리하자.

1) carrier : 전자와 홀을 통칭하여 carrier(운반자)라고 부른다.

- N_d: donor level에서 doping 농도(ex Phosphorus를 이온주입기로 농도조절이 얼마든지 가능)
- N_a: acceptor level에서 doping 농도(ex Boron을 이온주입기로 농도조절이 얼마든지 가능)
- n_0, p_0: 열적 평형상태에서 전자와 홀의 농도
- n_i: intrinsic Si carrier 농도 $=1.5\times10^{10}\text{cm}^{-3}$ at 300K

먼저 절대온도 $T=0\text{K}$에서 n-type, p-type의 페르미 레벨 위치를 다시 한번 복습하자.

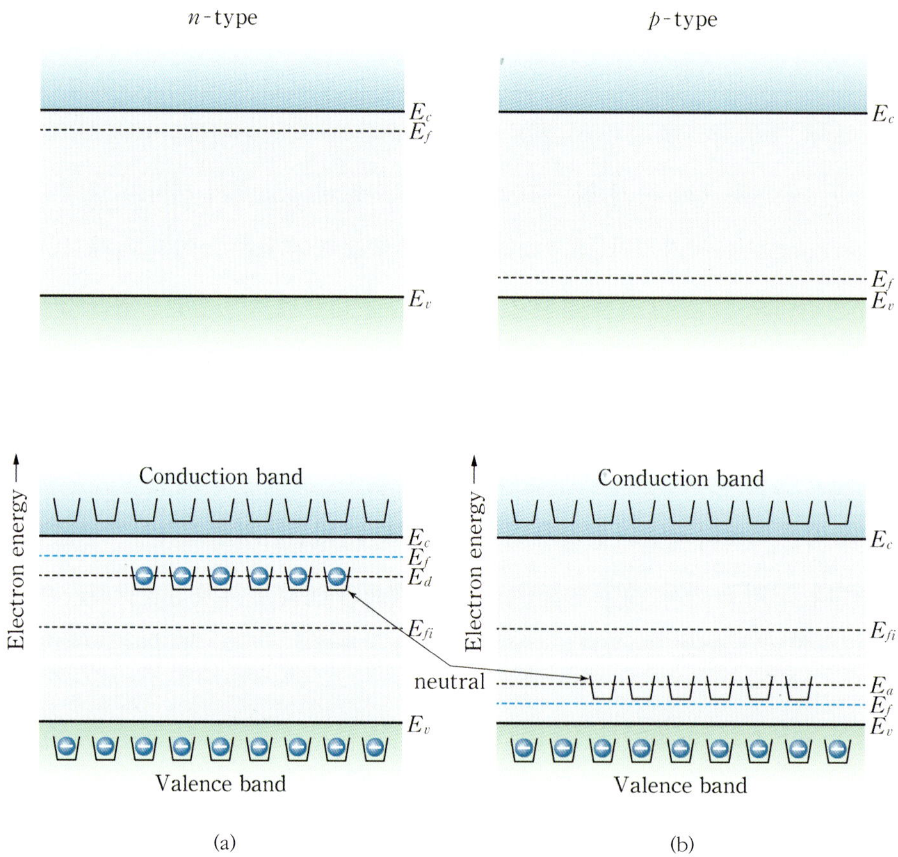

그림 1-29 절대온도 $T=0\text{K}$에서 n-type(a), p-type(b) 에너지 밴드 구조(전공 책의 그림 상단, 상세히 그린 그림 하단)

그림 1-29 상단의 그림은 전공책에서 나오는 n-type, p-type 에너지 밴드 구조이다. 한마디로 너무 성의가 없다. 학생들의 생각을 혼란시킬 수 있는 그림이다.

우리는 보어모델과 슈레딩거 모델에서 배운 것처럼 오비탈 구조 특히 Si의 오비탈 구조를 배웠기 때문에 전자와 state(빈 방)를 정확히 그려서 이해를 해야 한다.

따라서 좀 더 정확히 그린다면 위 그림 1-29 하단의 그림과 같다.

Conduction band아래 가까이 donor level(E_d)이 존재하고 이 E_d는 불순물의 종류(ex P, As etc.)에 따라 밴드갭 내 E_d의 위치가 달라짐을 알고 있자.

절대온도 $T=0$K에서 intrinsic Si의 경우 전자 발견확률 1인지점이 Valence band였지만 n-type으로 바뀌면서 전자발견확률 1인 지점은 E_d로 바뀌게 된다. 물론 E_d 아래에서도 전자를 발견할 수 있는 확률은 1이다. **즉 donor level아래는 $T=0$K에서도 그림 1-29에는 표현되지 않았지만 전자들이 얼마든지 발견될 수 있는 것을 명심하자. 왜냐하면 donor level에 존재하는 전자들은 에너지를 받지 못해 페르미 레벨 위로 치고 올라가지는 못하지만 donor level 아래는 에너지 준위가 낮은 쪽이기 때문에 donor에 존재한 전자들은 얼마든지 donor 아래에서 발견될 수 있다.**

정리하면 donor level이 전자 발견 확률 1이 되고 Conduction band가 0이 되므로 그 중간에 페르미 레벨이 존재할 것이다(at $T=0$K). 다시 한번 강조하지만 donor level(E_d)은 불순물 원소에 따라 밴드갭 내에 그 위치(E_d 위치)만 바뀔 뿐 도핑 농도에는 바뀌지 않는다. 하지만 페르미 레벨은 도핑 농도에 따라 바뀌는 것을 이번 섹션에서 보여주려고 한다.

p-type의 경우 페르미 레벨 위치(at $T=0$K)는 독자 분들이 이제 충분히 설명이 가능하리라 본다. (그림 1-29(b) 참조)

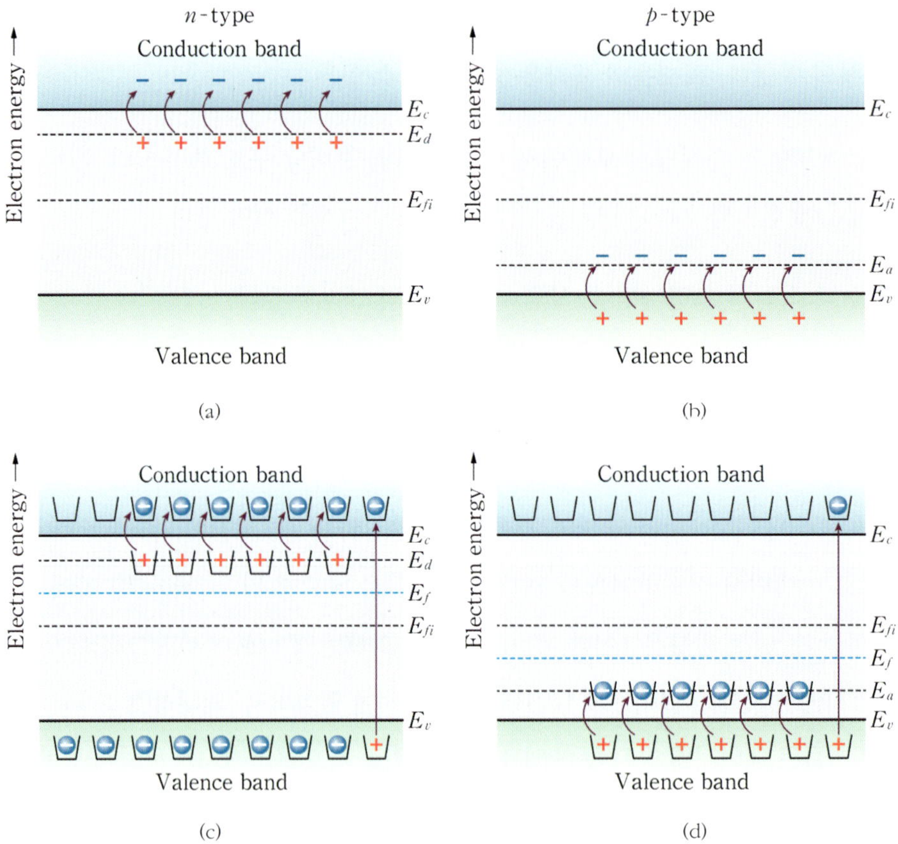

그림 1-30 특정온도(ex T=300K)에서 전자의 여기(excitation)에 따른 밴드갭 내 이온화 현상 전공책에서 n-type(a), 전공책에서 p-type(b), 상세한 밴드갭 구조의 n-type(c), 상세한 밴드갭 구조의 p-type(d)

그림 1-30(a), (b)는 전공책에서 볼 수 있는 그림인데 특정온도에서 밴드갭 내에 전자가 여기 되면서 이온화 되는 현상(n-type, p-type)을 나타낸 그림이다. 전공책의 그림은 이해하기엔 부족한 점이 많다.

그림 1-30(c), (d)는 밴드갭 내에 일어나는 상황을 구체적으로 그린 그림으로 이해하는데 더 쉬울 것이다.

먼저 n-type의 경우 특정온도(T=300K)의 열에너지를 받으면 먼저 donor level(E_d)에서

Conduction band로 전자가 올라갈 것이다. E_d의 도핑 농도를 우리는 편의상 N_d(ex $10^{16}cm^{-3}$) 라고 하고 E_c에서 전자의 농도를 n_0라 하자.

전공책에서는 $T=300K$에서 $N_d=n_0$라고 많이 가정을 한다. 즉 E_d에 존재하는 모든 전자는 Conduction band로 올라간다는 것이다. 이것은 단지 계산을 쉽게 하라고 가정하였다고 보면 된다. 좀 더 정확히 따져본다면 E_d의 위치 즉 Conduction band에서 얼마나 떨어져 있느냐에 따라 100% 올라가기도 하고($N_d=n_0$), 일부만 올라가기도 한다($N_d \neq n_0$).

하지만 전공책에서는 계산을 좀 더 쉽게 하라는 뜻에서 $N_d=n_0$를 주로 많이 사용하였다.

또 한가지 위 그림 1-30(a)에서 표현되지 않는 점은 $T=300K$에서도 페르미-디락 분포식에 따라 극소수이지만 확률적으로 Valence band의 전자가 Conduction band로 올라간다.

전자가 올라가면서 자연스럽게 극성이 바뀌는 이온화(ionized) 현상을 볼 수 있다. 예를 들어 Valence band에 state에 전자가 채워진 상태는 중성이었는데 Conduction band로 전자가 올라가면서 E_v의 남겨진 state는 +극성화 되고 이것을 우리는 홀이라 부르며, donor level (E_d)에 전자가 채워진 state도 원래는 중성이었으나 $T=300K$에서 열에너지를 받아 Conduction band로 전자가 올라가면서 E_d의 state는 +극성이 된다. 하지만 우리는 이것(E_d의 +극성 state)을 홀이라 부르지 않고 positive state라 부른다. 왜냐하면 이 positive state는 전류에 기여하지 못하기 때문이다. Conduction band(E_c)의 비어있던 state 자체는 애초에 중성이었으나 Valence band와 donor에서 올라온 전자들로 인해 극성이 negative로 바뀌었다(그림 1-30(c)).

p-type의 경우도 한번 살펴보자.

특정 온도의 열에너지($T=300K$)를 받으면 먼저 Valence band(E_v)의 전자가 acceptor level(E_a)로 올라갈 것이다. E_a의 도핑농도를 우리는 편의상 N_a라고 하고 E_v에서 홀의 농도를 p_0라 하자.

전공책에서는 T=300K에서 $N_a = p_0$라고 많이 가정을 한다. 즉 E_a에 존재하는 모든 빈 state는 Valence band에서 올라온 전자들로 모두 채워진다는 것이다. 이것은 단지 계산을 쉽게 하라고 가정하였다고 보면 된다. 좀 더 정확히 따져본다면 E_a의 위치 즉 Valence band에서 얼마나 떨어져 있느냐에 따라 100% 올라가기도 하고($N_a = p_0$), 일부만 올라가기도 한다($N_a \neq p_0$). 일부만 올라갈 경우 몇%가 올라갔는지 추가로 계산이 되어야해서 편의상 $N_a = p_0$라고 많이 가정을 한다.

따라서 전공책에서는 계산을 좀 더 쉽게 하라는 뜻에서 $N_a = p_0$를 주로 많이 사용하였다.

또 한가지 위 그림 1-30(b)에서 표현되지 않는 점은 T=300K에서도 페르미-디락 분포식에 따라 극히 일부이지만 확률적으로 Valence band의 전자가 Conduction band로 올라간다.

전자가 올라가면서 자연스럽게 극성이 바뀌는 이온화(ionized) 현상을 볼 수 있다. 예를 들어 Valence band에 state에 전자가 채워진 상태는 중성이었는데 Conduction band로 전자가 올라가면서 E_v의 남겨진 state는 +극성화되고 이것을 우리는 홀이라 부르고 acceptor level(E_a)에 빈 state도 원래는 중성이었으나 T=300K에서 열에너지를 받아 Valence band에서 전자가 올라가면서 E_a의 state는 negative (−)극성이 되며 우리는 이것을 negative state라 부른다. 이 negative state는 전류에 기여하지 못한다. Conduction band의 비어있던 state 자체는 애초에 중성이었으나 Valence band에서 올라온 전자들로 인해 극성이 negative로 바뀌었다. 다시 한번 말하지만 전류에 기여할 수 있는 negative 캐리어나 positive 캐리어는 반드시 Conduction band나 Valence band에 존재해야 한다(그림 1-30(d)).

절대온도 0K라고 하면 전자가 거의 열에너지를 받지 않은 상태이기 때문에 전자가 Conduction band로 올라갈 에너지를 받지 못한 상태이다. 하지만 페르미-디락 분포식이 지금까지 아무런 이의 제기없이 사용되어왔기 때문에 페르미-디락 분포식을 절대적으로 따를 수 밖에 없고 페르미-디락 분포식에 $T=0$K를 대입하여 계산을 해보면 fermi level(전자 발견확률 0.5) 밑에 까지는 전자가 꽉 차있는 것(전자 발견확률 1)을 알 수 있다.

실제로 페르미 레벨 아래까지 전자가 정말 꽉 차 있는지 없는지는 모르겠지만 페르미-디락 분포식이 진리처럼 사용되어왔기 때문에 이의를 제기 하지 못하고 절대적으로 따라야 한다는 것을 알아야 한다.

여기까지 n-type, p-type의 절대온도 0K에서 페르미 레벨의 위치와 300K에서 전자와 홀이 여기(excitation)된 후 이온화에 대해서 배웠다.

지금부터 donor level(E_d)와 acceptor level(E_a)의 농도(N_d, N_a)에 따라 페르미 레벨이 어떻게 움직이고 온도에 따라 또 페르미 레벨이 어떻게 움직이는지 물리적인 개념을 잡아볼 것이다.

자 그럼 우선 페르미 레벨 위치에 따라 전자와 홀의 농도가 어떻게 되는지 예제를 통해 살펴보자.

예제

Si $E_g=1.1$eV**이고 절대온도** 300K**에서 페르미 레벨이** Conduction band **아래** 0.2eV **아래 존재한다. 전자와 홀의 농도(**n_0, p_0**)를 구하라.**

문제풀이 전 정리

우선 Si의 에너지 갭이 1.1eV이므로 intrinsic fermi level은 0.55eV 지점에 존재할 것이고 이 지점을 기준으로 페르미 레벨이 위에 있으면 n-type, 아래에 있으면 p-type이라는 것을 예상할 수 있다. 문제에서 Conduction band아래 0.2eV이므로 intrinsic 페르미 레벨 기준으로 $0.55-0.2=0.35$eV 위에 존재하므로 n-type이 되고 major carrier는 전자가 될 것이다.

문제풀이

앞서 배운 볼츠만 근사치(±3kT(=0.078eV 이상에서만 사용 가능, 0.35eV라 사용가능) 공식에 대입한다면

$$n_0 = N_c \exp\left[\frac{-(E_c - E_f)}{kT}\right] \quad N_c = 2\left(\frac{2\pi m_e^* kT}{h^2}\right)^{3/2}$$

$N_c = 2.8 \times 10^{19} cm^{-3}$ 값은 섹션 1-6의 표에서 주어지고,

$E_c - E_f = 0.2eV$를 대입해서 풀면

$$n_0 = 2.8 \times 10^{19} \exp\left[\frac{-0.2}{0.0259}\right] = 1.24 \times 10^{16} cm^{-3}$$

$$\longrightarrow 4.4 \times 10^{-4}$$

한편

$$p_0 = N_v \exp\left[\frac{-(E_f - E_v)}{kT}\right]$$

$$N_v = 2\left(\frac{2\pi m_h^* kT}{h^2}\right)^{3/2}$$

$N_v = 1.04 \times 10^{19} cm^{-3}$ 값은 섹션 1-6의 표에서 주어지고,

$E_f - E_v = 1.1\text{-}0.2 = 0.9eV$를 대입해서 풀면

$$p_0 = 1.04 \times 10^{19} \exp\left[\frac{-0.9}{0.0259}\right] = 8.43 \times 10^{3} cm^{-3}$$

위 문제 풀이를 정리해보자. 페르미 레벨이 E_c 아래 0.2eV 존재하면 n-type이 되고 0.2eV의 값을 볼츠만 근사치 공식에 대입해서 풀면 전자의 농도 $n_0 = 1.24 \times 10^{16} \text{cm}^{-3}$이고 $p_0 = 8.43 \times 10^{3} \text{cm}^{-3}$의 값이 나온다. 우리는 여기서 전자의 농도가 높아 majority carrier가 전자인 것을 알 수 있다. 또 한가지는 전자의 농도 $n_0 = 1.24 \times 10^{16} \text{cm}^{-3}$는 그렇게 높은 값이 아니기 때문에 만약 페르미 레벨이 0.2eV가 아니고 Conduction band에서 더 가까이 예를 들어 0.1eV에 존재한다면 더 높은 전자의 농도가 구해질 것임을 위 식을 통해 예상할 수 있다.

전자와 홀의 농도(n_0, p_0)는 위 문제와 같이 Conduction band에서 얼마만큼 떨어져 있냐($E_c - E_f$)에서 구할 수도 있지만 아래와 같이 intrinsic 페르미 레벨(E_{fi})에서 얼마나 떨어져 있는지($E_f - E_{fi}$)를 알아도 구할 수 있다.

$$n_0 = N_c \exp\left[\frac{-(E_c - E_{fi}) + (E_f - E_{fi})}{kT}\right] = N_c \exp\left[\frac{-(E_c - E_{fi})}{kT}\right] \exp\left[\frac{E_f - E_{fi}}{kT}\right]$$

where $n_i = N_c \exp\left[\frac{-(E_c - E_{fi})}{kT}\right]$

$$n_0 = n_i \exp\left[\frac{E_f - E_{fi}}{kT}\right] \quad p_0 = n_i \exp\left[\frac{-(E_f - E_{fi})}{kT}\right] = n_i \exp\left[\frac{(E_{fi} - E_f)}{kT}\right]$$

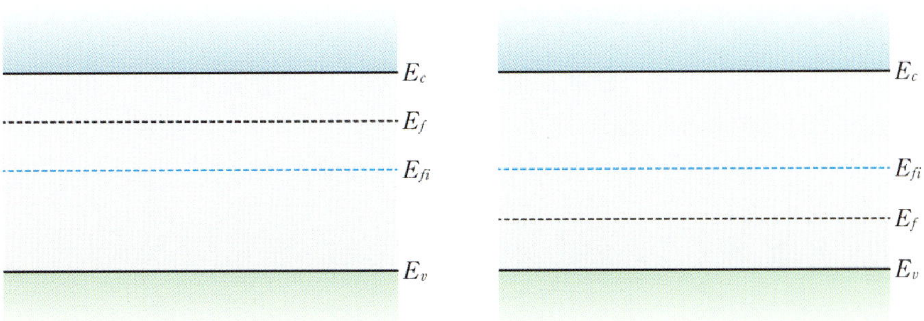

따라서 E_c에서 E_f까지의 값을 알거나 E_{fi}에서 E_f까지의 값을 알면 우리는 위 2개의 식에 각각 대입하여 전자와 홀의 농도를 구할 수 있다.

다음은 좀 더 간단하게 전자와 홀의 농도를 구할 수 있는데 전자와 홀 중 하나의 농도만 안다면 나머지는 아래 식과 같이 아주 간단히 계산할 수 있으니 참고 바란다.

$$n_0p_0 = N_cN_v\exp\left[\frac{-(E_c-E_f)}{kT}\right]\exp\left[\frac{-(E_f-E_v)}{kT}\right] = N_cN_v\exp\left[\frac{-E_g}{kT}\right] = n_i^2$$

위 식에서 아주 중요한 식이 도출되는데

$$n_0p_0 = n_i^2$$

여기서 n_i는 intrinsic Si carrier 농도로 $1.5\times10^{10}\text{cm}^{-3}$ at 300K

만약 n_0가 10^{19}cm^{-3}로 구해지면 위 식을 대입해 보면 $p_0 = (1.5\times10^{10})^2/10^{19} = 2.25\times10\text{cm}^{-3}$이 계산된다. 홀 농도($p_0$)를 구하기 위해 굳이 볼츠만 근사치 공식을 사용 안해도 된다는 뜻이다.

다음은 도핑 농도에 따라 페르미 레벨의 위치가 어떻게 이동하는지 알아보자.

예제

Si이 $N_d = 10^{15}, 10^{17}, 10^{19}\text{cm}^{-3}$으로 도핑되었을 때 페르미 레벨의 위치(at 300K)는 어떻게 바뀌는가?

문제풀이 전 정리

먼저 $N_d = n_0$라고 가정하자. 즉 도핑한 불순물 모두가 Conduction band위로 올라갔다고 가정한다는 것이다.

문제풀이

볼츠만 근사치는 아래 2가지 중 아무거나 사용해도 된다.

$$n_0 = N_c \exp\left[\frac{-(E_c - E_f)}{kT}\right] \qquad n_0 = n_i \exp\left[\frac{(E_f - E_{fi})}{kT}\right]$$

예를 들어 두번째 볼츠만 근사치 공식으로 구해진 $E_f - E_{fi}$ 값은 아래와 같다.

$$E_f - E_{fi} = kT\ln(n_o/n_i) = 0.0259\ln(10^{15}/1.5\times10^{10}) = 0.287\text{eV}$$

즉 intrinsic 페르미 레벨에서 위로 0.287eV만큼 떨어져 페르미 레벨이 존재한다는 뜻이다. 물론 n-type이다.

표로 정리하면 아래와 같다.

n type doping Approximate $N_d = n_0$	10^{15}	10^{17}	10^{19}
Hole(p_0) concent.	2.25×10^5	2.25×10^3	2.25×10^1
Fermi position **2**$(E_f - E_{fi})$	0.287eV from E_{fi}(0.55eV)	0.407eV	0.526eV
Fermi position **1**$(E_c - E_f)$	0.55−0.287=0.263	0.55−0.407=0.143	0.55−0.526=0.024

표에서 홀의 농도는 아래식으로부터 간단히 구할 수 있다.

$$n_0 p_0 = n_i^2$$

좀 더 이해를 돕기 위해 아래 그림을 참고해보자.

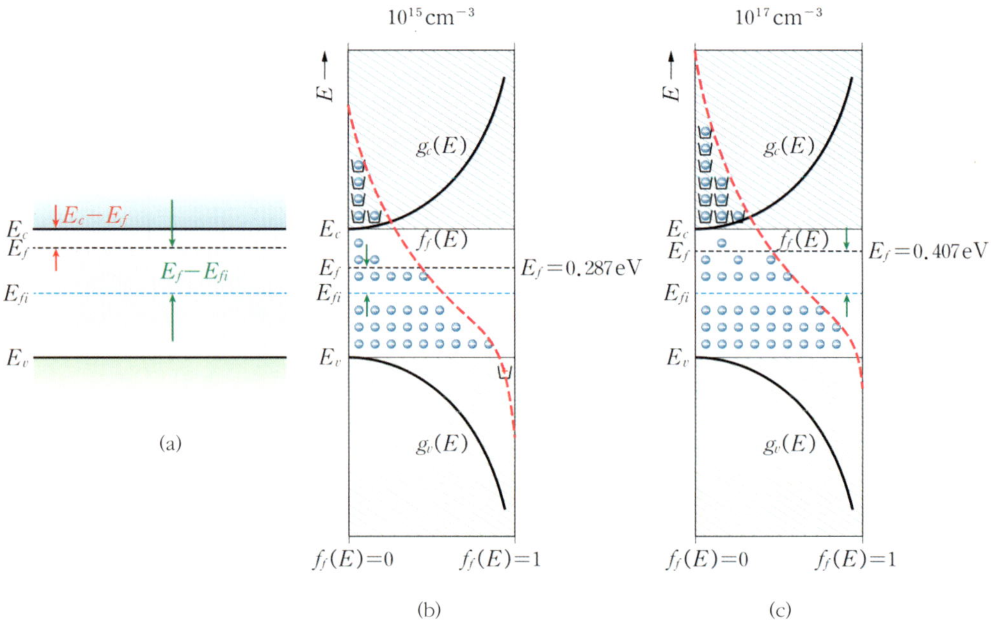

그림 1-31 Si의 에너지 밴드 구조(a) 및 10^{15}(b), 10^{17}(c)로 도핑되었을 때 페르미 디락 분포 곡선의 차이

그림 1-31과 같이 페르미 레벨의 위치는 두가지 방법으로 구할 수 있는데 하나는 Conduction band를 기준으로 페르미 레벨이 얼마나 떨어져 있는가로 계산할 수 있고(Fermi position **1**) 또 하나는 intrinsic 페르미 레벨(E_{fi})를 기준으로 페르미 레벨이 얼마나 떨어져 있는가(Fermi position **2**)이다. 모두 볼츠만 근사치 공식을 사용하면 된다.

계산에 의하면 도핑농도가 올라갈수록 페르미 레벨이 Conduction band쪽으로 가까이 움직이고 있다는 거다. Donor level(E_d)의 위치는 도핑 농도와 상관없다. 만약에 Phosphorus로 도핑되었다면 $E_d=0.044$eV로 위치는 고정되어 있고 농도변화에 따라 E_d 위치가 변하지 않는다. **그럼 왜 도핑 농도가 높아지면 페르미 레벨이 Conduction band 근처로 움직일까? 답은 E_d에 존재하는 도핑 농도가 높을수록 Conduction band로 여기(excitation)되는 전자의 수는 더 많아진다.** 즉 Conduction band에 더 많은 전자들이 존재한다는 뜻이다. $T=300$K

에서 페르미-디락 분포 곡선의 모양은 동일하다. 하지만 Conduction band에 더 많은 전자들이 있는 상태에서 분포 곡선을 맞추기 위해서는 페르미-디락 분포 곡선이 전체적으로 위로 올라가야 한다. 즉 도핑이 높게 되었을 때 즉 Conduction band에 더 많은 전자에 맞추어 곡선을 그릴 수가 있다. (그림 1-31(c)의 분포 곡선이 (b)보다 좀 더 위로 올라가 있고 거기에 맞추어 0.5지점인 페르미 레벨 위치도 좀 더 높이 올라가 있다)

지금까지 우리는 페르미 레벨과 전자의 농도와의 관계에 대해 배웠다. 예를 들어 Conduction band의 전자의 농도가 높으면 페르미 레벨도 Conduction band쪽 가까이 있다는 것을 알 수 있다. **거듭 설명하지만 E_d는 물리적으로 존재하는 에너지 레벨이고 도핑 물질(P, B, As etc.)에 따라 밴드갭 내에 정해진 장소(E_d)에 존재한다. 하지만 fermi level은 fermi-dirac 분포식이라는 수학식에서 도출된 선이다. 페르미-디락 분포식으로부터 전자와 홀의 농도 그리고 페르미 레벨의 상관관계를 구할 수 있기 때문에 페르미 레벨이라는 수학적 선(level)은 얼마든지 움직일 수 있다.**

에너지 밴드갭 내 페르미-디락 분포식을 배우는 가장 근본적인 이유가 바로 이렇게 전자나 홀의 농도에 따라 페르미 레벨 및 전체 분포 곡선의 위치가 달라지고 온도가 변하면(300K vs. 400K) 분포곡선의 모양도 바뀌는 것을 배웠다. 즉 높은 온도(그림 1-14에서 T_2)의 경우 페르미-디락 분포 곡선이 더 급격하고 sharp하게 치고 올라가는 것을 볼 수 있었다. (그림 1-14에서 $T_1 < T_2$ 참고)

다음은 Degenerated 반도체가 무엇인지 알아보자.

지금까지 도핑 농도가 높아지면 n-type의 경우 페르미 레벨이 Conduction band쪽으로 가까이 이동하고 p-type의 경우 Valence band쪽으로 이동한다.

그럼 도핑 농도를 극한으로 높이면 어떻게 될까? 예를 들어 N_d를 10^{20}에서 $10^{22}cm^{-3}$까지 높일 경우이다. 이런 경우는 MOSFET 구조에서 Source나 Drain contact지역(그림 1-32 참조 :

n^+ contact well)을 의도적으로 도핑을 높게 한다.

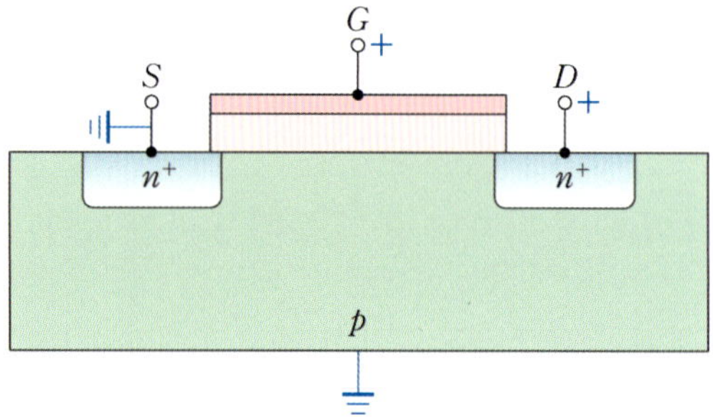

그림 1-32 MOSFET의 기본 구조

이렇게 극한으로 도핑 농도를 높일 경우 n-type에서 페르미 레벨은 Conduction band를 뚫고 올라간다. 일단 페르미 레벨이 Conduction band 위로 올라가면 페르미-레벨 아래 에너지 준위가 낮은 지역은 모두 전자를 발견할 수 있다. 도핑 농도가 $10^{20}cm^{-3}$ 정도가 넘으면 거의 금속과 같은 현상을 보이게 된다. 이미 Conduction band에 전자들이 충분히 존재하고 있기 때문이다. 이럴 경우 minority carrier인 홀은 거의 없다고 보면 된다.

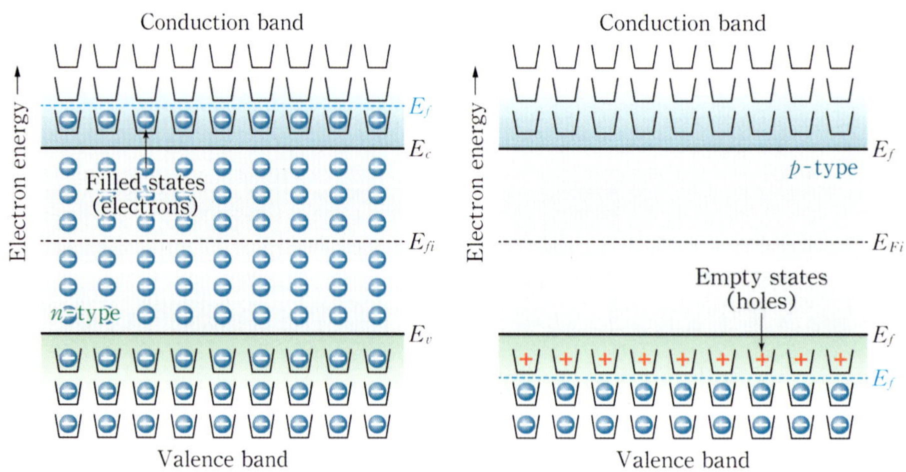

그림 1-33 Degenerated 반도체 에너지 밴드갭 구조 n-type, p-type

$$n_0 p_0 = n_i^2$$

$N_d = n_0 = 10^{20}\text{cm}^{-3}$을 위 식에 대입하면 minority carrier인 홀이 거의 없다.

한편 p-type의 경우도 N_a의 도핑 농도를 극한치(ex $>10^{20}\text{cm}^{-3}$)로 올리면 페르미 레벨이 Valence band 밑으로 침투한다. 이럴 경우 자연스럽게 Valence band에 홀(majority carrier)이 생기며 이미 홀은 Valence band에 충분히 존재해서 마치 금속과 같은 현상을 보인다.

이럴 경우 minority carrier인 전자는 거의 없다고 할 수 있다.

지금까지 우리는 $T=0$K에서 페르미 레벨이 n-type의 경우 E_d와 Conduction band 사이 중앙에 있다고 배웠다. 또 $T=300$K에서 페르미 레벨이 Conduction band 근처에 있다고만 앞서 여러 그림을 통해서 보았지 E_d는 표시가 되어 있지 않아서 **과연 특정온도(ex $T=300$K, 400K)에서 n-type의 경우 페르미 레벨은 E_d 위에 있을까 아니면 아래 있을까 궁금하다.**

다음 예제를 풀어보면 과연 페르미 레벨이 n-type의 경우 $T=300$K에서 E_d 위에 있는지 아래 있는지 알 수 있을 것이다.

예제

P-doped Si($E_c - E_d = 0.044$eV)이고 도핑은 10^{15}cm^{-3}으로 되었을 때 $T = 300$K일 경우 페르미 레벨은 E_d 위에 존재할까 E_d 아래 존재할까? 정확한 위치를 계산해 보아라.

답 지금까지 우리가 배운대로라면 먼저 Conduction band에 올라간 총 전자의 수(n_0)를 계산하고 그리고 $E_c - E_f$ 또는 $E_f - E_{fi}$를 구하면 된다.

Carrier concent.(n_0) from E_d to CB

지금까지 전공책에서 다룬 것처럼 E_d에 존재하는 전자 모두 Conduction band로 $T = 300$K에서 올라갔다고 가정하면 N_d(E_d에 존재하는 P의 도핑농도) $= n_0 = 10^{15}$cm^{-3}

$$E_f - E_{fi} = kT\ln(n_o/n_i) = 0.0259\ln(1 \times 10^{15}/1.5 \times 10^{10}) = 0.29\text{eV}$$

Carrier concent. from E_v to CB : 거의 무시할 정도로 극소수가 올라 옴(at 300K).

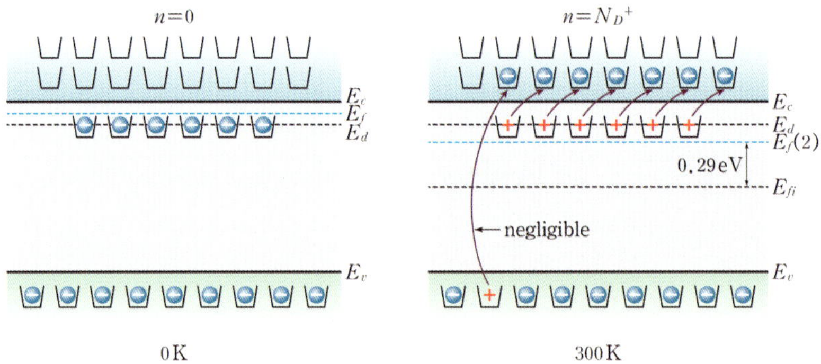

그림 1-34 $N_d = n_0 = 10^{15}$cm^{-3}으로 도핑되었을 때 300K에서 페르미 레벨

$E_f - E_{fi} = 0.29$eV라는 의미는 Conduction band에서 페르미 레벨까지는 $0.55 - 0.29 = 0.26$eV이다. 따라서 E_d는 Conduction band에서 0.044eV만큼 떨어져 있지만 P doped Si(10^{15})의 경우(at 300K) 페르미 레벨은 Conduction band에서 0.26eV 즉 E_d 아래에 존재한다는 뜻이다. 이렇게 P doped Si(10^{15})의 경우(at 0K)에서는 E_d와 Conduction band 사이에 존재했지만 300K에서는 페르미 레벨이 E_d 아래로 이동하였다. 여러 번 강조 했지만 페르미 레벨과 carrier concentration은 수학적(페르미-디락 분포식 or 볼츠만 근사식(>±3kT(=0.078eV 이상만 사용))으로 서로 상관관계에 있으므로 둘 중에 하나의 값을 정확히 알면 나머지 하나는 자동으로 계산이 된다는 뜻이다.

지금까지 0K가 아닌 특정온도에서 페르미 레벨이 어디로 움직이는지를 보았다. 그리고 위 예제에서 Valence band의 전자는 $T=300\text{K}$에서 무시해도 좋을 만큼 극소수만이 Conduction band로 올라간다. 왜냐하면 300K 열에너지로 Valence band에서 Conduction band만큼 전자를 끌어 올리기에는 역부족이고 페르미-디락 분포식에 따라 계산하면 확률적으로 아주 극소수만 올라간다.

만약 그렇다면 온도를 무한정 한번 올려보면 페르미 레벨은 어떻게 될까? (무한정 온도를 올리는 것은 현실성이 떨어지지만 한번 정도는 상상해볼 만 하다고 생각한다)

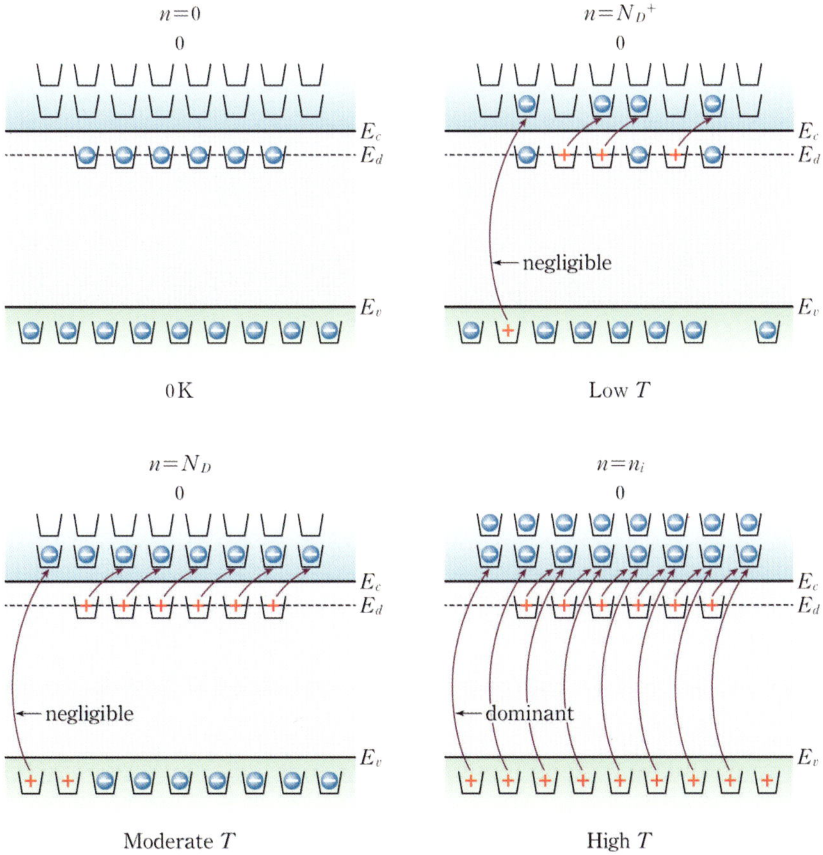

그림 1-35 온도에 따라 Conduction band와 Valence band에서 캐리어 수의 차이

먼저 Donor level(E_d)에 도핑을 $E_d = 10^{15}\text{cm}^{-3}$했다고 가정하자.

온도를 0K에서 그림 1-35처럼 서서히 올리면 어떤 현상이 일어날까?

0K에서 페르미 레벨의 위치는 더 이상 설명하지 않아도 독자들이 스스로 알 것이다.

Low T를 300K, Moderate T를 500K, High T를 100,000K라 가정해보자.

온도 300K, 500K 열에너지로는 Valence band에서 Conduction band로 올라갈 수 있는 전자의 수는 10^{15}cm^{-3} 보다 작을 것이다. 따라서 Conduction band내 전자의 총수(n_0)는 도핑 농도와 약간 작거나 같다.

하지만 어마어마한 온도라면 얘기는 달라진다. 100,000K는 Valence band의 모든 전자들을 Conduction band로 올릴 수 있는 충분한 열에너지다. Valence band의 DOS에는 적어도 10^{19}cm^{-3} 이상의 전자들이 있으므로 100,000K의 온도가 가해진 후 Conduction band의 전자의 총수는 $10^{15} + 10^{19} = 10^{19}\text{cm}^{-3}$이 된다. 즉 도핑농도를 훨씬 넘어서게 된다. 한가지 더 재미있는 사실은 Valence band에 남겨진 홀의 수는 Conduction band로 올라간 전자의 수와 같기 때문에 홀의 수는 10^{19}cm^{-3}이다.

즉 Conduction band와 Valence band의 전자 수와 홀수가 같게 되는데 이것은 intrinsic의 정의와 같다. 도핑이 전혀 안된 순수 intrinsic Si의 경우 열에너지를 가하면 온전히 Valence band에서 공급하는 전자밖에 없으므로 전자와 홀의 수가 일치한다. 이것이 intrinsic의 정의이다. 더불어 intrinsic의 경우 페르미 레벨의 위치는 밴드갭 중앙에 있다.

따라서 결론은 n-type이건 p-type이건 온도를 올리면 페르미 레벨은 점점 에너지 밴드갭 중앙으로 움직이는 것을 알 수 있다. 현실적으로 무지막지하게 온도를 올릴 수는 없지만 만약 온도를 올려도 무방하다면 우리는 페르미 레벨을 에너지 밴드갭 중앙으로 옮길 수 있고 intrinsic 반도체를 인위적으로 만들 수 있다.

이제 전공책에 자주 나오는 그림 1-36이 이제 이해되기 시작할 것이다.

그림 1-36의 x축은 온도가 증가하는 축이고 y축은 N_d대비 n_0로 도핑한 것에 비하여 얼마만큼 Conduction band에 전자가 있나이다. 예를 들어 $n_0/N_d=0.5$는 N_d의 50%만이 Conduction band로 여기된 것을 의미하는데 그만큼 낮은 열에너지로 N_d의 전자중 50%만 Conduction band로 올라갔다는 의미이다. $n_0/N_d=1$은 N_d에 있는 모든(100%) 전자들이 Conduction band로 여기(excitation)되어 n_0로 표현되고 있다는 뜻이며 $n_0/N_d=1.5$는 N_d에 있는 전자들 100%와 Valence band의 전자들이 높은 열에너지로 여기되어 Conduction band의 전자로 표현되고 있다는 뜻이다.

$n_0/N_d=$의 숫자가 크면 클수록 Conduction band(E_c)에 존재하는 전자들은 N_d보다는 Valence band(E_v)에서 올라온 전자들로 구성되어 있다는 뜻으로 점점 intrinsic화 되고 있다는 뜻이다(E_c의 전자 농도$=E_v$의 홀 농도, $n_0=p_0$).

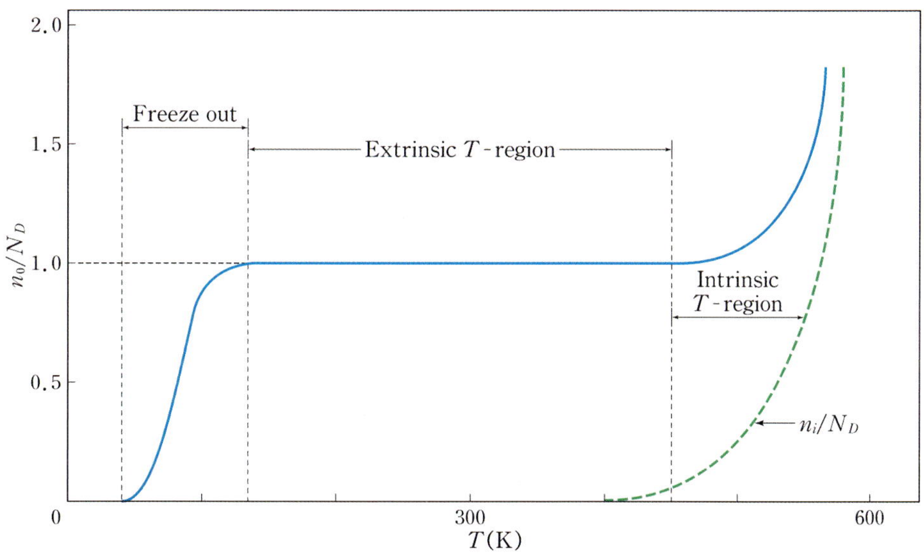

그림 1-36 온도가 증가함에 따라 n-type 반도체가 extrinsic에서 intrinsic으로 변환되는 과정

정리 우리는 이번 섹션에서 donor level(E_d) 또는 acceptor level(E_a)의 도핑농도(N_d, N_a)가 높을수록 특정온도(ex T=300K)에서 페르미 레벨은 Conduction band 또는 Valence band에 가까워지는 것을 수학적으로 물리적으로 이해하였다. n-type의 경우 도핑 농도(N_d)가 높아진다는 것은 그만큼 E_d에서 Conduction band로 더 많은 전자가 올라가기 때문에 Conduction band에 더 많은 전자가 존재하는 상태에서 페르미-디락 분포 곡선을 그려보면 페르미 레벨이 Conduction band쪽으로 가까이 갈 수 밖에 없다(그림 1-31(c) 참조).

또한 온도가 0K에서 300K로 올라가면 n-type의 경우 페르미 레벨이 E_d 위에 존재하다가 E_d 아래로 움직이기도 한다(그림 1-34 참조).

온도를 점점 더 올리면 낮은 온도에서는 도핑 농도에 의해 Conduction band 전자 농도가 결정 되지만 아주 높은 온도에서는 Conduction band의 전자 농도는 Valence band의 전자에 의해 결정된다. 즉 아주 높은 온도에서는 마침내 $n_0 = p_0$가 되어 페르미 레벨도 중앙에 위치하는 것을 알 수 있었다.

self Q&A

1 특정 온도에서 n-type 불순물 도핑 농도와 페르미 레벨의 관계를 이해해 보자.

2 온도가 올라갈수록 왜 페르미 레벨은 밴드갭 중앙쪽으로 움직이는가?

1-9 Compensated 반도체란 무엇인가?

(n-type, p-type 도핑이 동시에 되었을 때 반도체는 어떻게 되는가?)

지금까지 우리는 반도체란 무엇인가를 배웠고 에너지 밴드갭 생성 원리를 배웠으며 밴드갭 내에 페르미-디락 분포에 따라 전자가 분포해 있고 페르미 레벨의 의미도 파악하였다. intrinsic 반도체에 대해서도 공부하였고 바로 전에는 n-type, p-type 생성원리 및 페르미 레벨이 도핑농도와 온도에 따라 어떻게 변하는지도 공부하였다.

이번 섹션에서는 Compensated 반도체 즉 n-type, p-type 도핑이 반도체 한 지역에 한꺼번에 된 경우를 배울 것이다.
그리고 이번 섹션에서 기존의 intrinsic 반도체 정의에 또 다른 의미가 추가됨을 배울 것이다.

Tip

지금까지 Intrinsic 반도체 정의
도핑이 전혀 되지 않은 순수 반도체. Conduction band의 전자 수와 Valence band의 홀수가 같다. 페르미 레벨도 온도와 상관없이 에너지 밴드갭 중앙에 위치

반도체 산업계에서 제조되는 DRAM, Flash 메모리, 시스템 반도체등 모든 반도체는 n-type화하고 그리고 그 자리에 다시 p-type화 하거나 또는 p-type화 한 후 다시 그 자리에 n-type화를 거치면서 반도체 제품이 만들어 진다. 이것을 compensated 반도체라고 부른다. 순수하게 n-type만 하거나 p-type만 하는 반도체 제품은 거의 드물다.

n-type, p-type 도핑이 반도체 한 지역에 한꺼번에 된 Compensated 반도체 그림을 한번 보자.

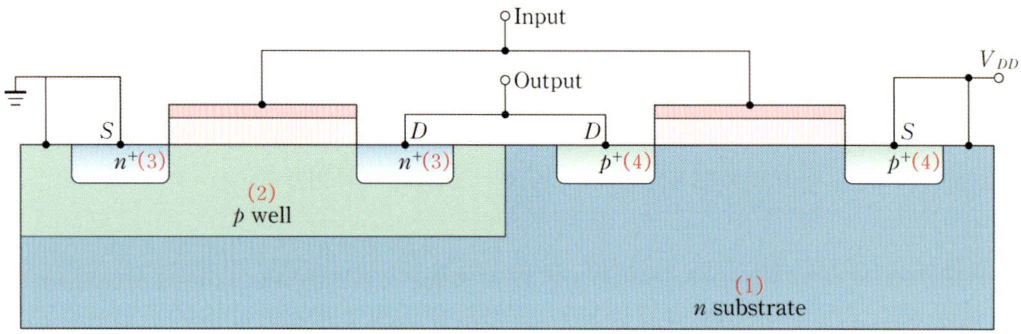

그림 1-37 간략한 CMOS inverter cross section 구조

그림 1-37은 아주 간략한 CMOS inverter 구조 그림이다. 이 CMOS 구조의 제조공정 순서를 알아보자.

먼저 n-type Si 기판(substrate)이 필요하다(1). 그리고 이온주입기로 특정지역(2)에 p-type 도핑을 한다. 여기서 (2)지역이라는 특정지역은 n-type기판에 p-type을 도핑하였기 때문에 (2)지역은 n-type과 p-type이 순차적으로 같이 도핑된 지역이라 할 수 있으며 우리는 이 부분을 compensated 반도체라 부른다. 이후 이온주입기로 (3)이라는 국부 지역에 또 다시 n^+ 도핑을 이온주입기로 실행한다.

그러면 지역(3)은 n-type도핑(기판), p-type도핑(p well) 그리고 n^+ 도핑이 순차적으로 함께 이루어진 지역이다. 이것 또한 compensated 반도체라고 부른다.

이렇게 CMOS구조를 만들기 위해 이온주입기를 이용하여 필요한 지역에 여러 번 순차적으로 p-type, n-type도핑을 반복한다. 이렇게 수백, 수천 번의 이런 공정을 거쳐서 DRAM 메모리가 만들어지고 flash메모리가 만들어 지는 것이다.

그러면 여기서 궁금증이 하나 생긴다. n-type 기판(N_d)에 p-type 도핑(N_a)을 했는데 어떻게 이 지역(2)은 최종 p-type이 되고 또 이후 (3)지역만 특정하여 n^+ 도핑하였는데 n-type기판, p-type 도핑이 된 것을 무시하고 최종적으로 n^+화 되어 있지??

먼저 물리적인 개념을 잡자. **n-type 기판(N_d)에 p-type도핑(N_a)을 해서 p-type이 되기 위해서는 p도핑의 농도가 n-type 기판의 n doping 농도보다 높아야 가능하다.** 즉 p 도핑의 높은 농도가 n-type 기판의 n doping 농도를 우선적으로 보상(compensate)하고, 즉 상쇄시키고 나서 나머지 p 농도만큼 p-type화 된다고 보면 된다. Compensated 반도체의 필수 조건은 첫번째 도핑 농도보다 두번째 도핑 농도가 높아야 첫번째 도핑을 보상(상쇄)하고 두번째 도핑 효과를 나오게 하는 것이다.

그리고 여기서 중요한 개념 하나가 추가가 된다. 만약 N_d만큼 도핑된 n-type기판에 N_d와 같은 양의 p-type 도핑(N_a)을 하면 어떻게 될까? 즉 $N_d = N_a$로 도핑되면 intrinsic화 되었다고 한다.

우리는 지금까지 Si 물질에 아무것도 첨가되지 않은 순수한 Si을 intrinsic Si이라 불렀는데 이 섹션을 배운 이후부터 intrinsic은 도핑이 전혀 되지 않은 순수한 Si이거나 $N_d = N_a$ 즉 n 도핑 농도와 p 도핑 농도를 똑같이 주입하였다면 이것 또한 intrinsic Si이라 부른다. 현실적으로는 아무것도 첨가되지 않는 순수한 Si을 만드는 것은 거의 불가능하고 의도치 않게 Si wafer 제조 과정에서 약간의 불순물 도핑은 이루어진다. 따라서 $N_d = N_a$ 방식으로 intrinsic Si을 제조하는 것이 비교적 손쉬운 방법이라 할 수 있다.

이제 Compensated 반도체의 예를 한번 들어보자.

예제

1 **만약 p-type 기판($N_a = 1\times10^{16}\text{cm}^{-3}$)에 n-type 도핑($N_d = 1.1\times10^{17}\text{cm}^{-3}$)을 하였다면 Conduction band의 전자 농도(n_0)와 페르미 레벨의 위치는?**

답 $N_d - N_a = 1\times10^{17}\text{cm}^{-3}$이 된다. 즉 $N_d = 1\times10^{16}\text{cm}^{-3}$만큼 $N_a = 1\times10^{16}\text{cm}^{-3}$를 보상(상쇄)시키는데 사용되고 나머지 $1\times10^{17}\text{cm}^{-3}$의 n doping($N_d$)이 Conduction band에 전자($n_0$)로 기여를 할 것이다. 따라서 전자 농도를 알면 페르미 레벨은 자동적으로 계산이 가능하므로 $E_c - E_f$는 0.146eV 즉 Conduction band에서 0.146eV만큼 떨어진 지역에 페르미 레벨이 존재한다. 모두 300K에서 계산된 것이다.

2 **$T = 300\text{K}$에서 $N_a = 1\times10^{16}\text{cm}^{-3}$으로 도핑된 p-type 자리에 얼마의 N_d로 n-type 도핑해야 최종 페르미 레벨이 Conduction band아래 0.15eV 자리에 존재할까?**

문제풀이 전 정리

Conduction band 아래 0.15eV는 $E_c - E_f = 0.15\text{eV}$이고 페르미 레벨 위치로 봐서 이물질은 최종적으로 n-type임을 보여준다.

문제풀이

페르미 레벨과 Conduction band의 전자 농도 관계는 아래와 같다.

$$n_0 = N_d - N_a = N_c \exp\left[\frac{-(E_c - E_f)}{kT}\right]$$

N_d의 일부가 N_a를 상쇄시키고 나머지 N_d가 n_0가 되고($N_d = n_0$) 여기에 맞는 페르미 레벨 0.15eV가 되는 과정이다.

$n_0 = N_d - N_a = 2.8\times10^{19}\exp(-0.15/0.0259) = 8.55\times10\text{e}^{16}$

$N_d = 8.55\times10^{16} + N_a = 9.55\times10^{16}$

N_d를 9.55×10^{16}만큼 도핑해야 기존에 $N_a = 1 \times 10^{16} \text{cm}^{-3}$를 상쇄시키고 나머지 $8.55 \times 10e^{16}$ 만큼의 N_d가 Conduction band위로 올라가 n_0화 되고 여기에 맞게 페르미 레벨이 Conduction band 아래 $E_c - E_f = 0.15\text{eV}$ 형성된다.

다음은 중요한 예제이다.

> **예제**
>
> $T = 300\text{K}$**에서 만약** $N_d = 1 \times 10^{17} \text{cm}^{-3}$**로 이루어진** n-type **기판에** $N_a = 1 \times 10^{17} \text{cm}^{-3}$, **정확히 같은 양의** p-type**을 도핑하였다면 최종 어떤** type **반도체가 되고** carrier **농도는 어떻게 될까**?

먼저 떠오르는 생각은 $n_0 = N_d - N_a = 1 \times 10^{17} - 1 \times 10^{17} = 0$인가?? 이런 일은 절대 생기지 않을 거다.

아래 그림은 p-type과 n-type이 동시에 도핑된 에너지 밴드갭 내부 그림이다. 에너지 내부에 positive charge와 negative charge를 묶어서 관계식을 도출하면 아래와 같은 식이 나온다.

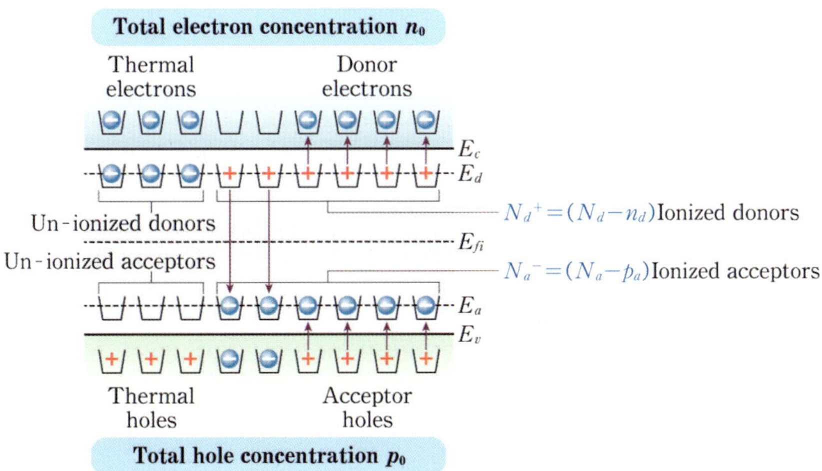

그림 1-38 에너지 밴드갭 내에 p-type 도핑과 n-type 도핑이 되었을 때 예상도

$$n_0 = (N_d - N_a)/2 + \sqrt{((N_d - N_a)/2)^2 + n_i^2}$$

최종 도출된 위 식에서 우리는 몇가지 사실을 유추할 수 있다.

먼저 N_d와 N_a의 양이 같으면 위 식에서 최종 n_0는 n_i와 같다고 답이 유도된다. 결국 $n_0 = p_0 = n_i$가 된다.

위 식이 보여주는 **물리적인 의미는 $N_d = N_a = 1\times10^{17}\text{cm}^{-3}$로 도핑이 되면 Conduction band의 전자 농도(n_0)는 $1\times10^{17}\text{cm}^{-3}$가 아니고 $1.5\times10^{10}\text{cm}^{-3}$이 된다는 뜻인데 N_a에 의해 발생된 홀과 N_d에 의해 발생된 전자는 서로 재결합과정을 거치기만 하고 Conduction band와 Valence band에 전혀 기여를 하지 못한다는 뜻이다. 같은 양의 N_d와 N_a는 재결합과정만 거치고 T = 300K에서 여기될 수 있는 Valence band의 전자 농도 $1.5\times10^{10}\text{cm}^{-3}$만이 Conduction band로 여기(excitation)되어 n_0로 표현이 된다**($n_i = 1.5\times10^{10}\text{cm}^{-3}$ at 300K라는 것은 이전에 배웠다).

만약 $N_d = 1.1\times10^{17}\text{cm}^{-3}$이고 $N_a = 1\times10^{17}\text{cm}^{-3}$이라면 $N_d = 1\times10^{17}\text{cm}^{-3}$과 $N_a = 1\times10^{17}\text{cm}^{-3}$이 서로 재결합과정을 거치면 Conduction band에 전혀 기여를 하지 못하고 나머지 $N_d = 0.1\times10^{17} = 1\times10^{16}\text{cm}^{-3}$과 Valence band에서 300K의 열에너지를 받아 여기된 $1.5\times10^{10}\text{cm}^{-3}$의 전자와의 합

즉 $n_0 = 1\times10^{16} + 1.5\times10^{10} = 1\times10^{16}\text{cm}^{-3}$만이 Conduction band의 전자로 표현이 된다.

요약하면 반도체에 $N_d = N_a$로 도핑이 되었다면(at 300K) 도핑 농도에 상관없이 Conduction band = Valence band에서 $n_0 = p_0 = 1.5\times10^{10}\text{cm}^{-3} = n_i$라는 것을 잊지말길 바란다.

정리

반도체에 n-type, p-type 도핑을 번갈아 가며 공정이 진행된 경우를 Compensated 반도체라고 부르고 p-type을 n-type으로 만들기 위해서는 p 도핑 농도보다 더 높은 n doping 공정을 통해서 가능하다. n 도핑을 통해 p 도핑의 양만큼 먼저 상쇄(Compensated)시키고 여분의 n 도핑 양만큼 n-type화가 된다. 대부분 CMOS공정은 이와 같이 n 도핑, p 도핑을 번갈아 가며 정확히 설계된 만큼의 농도를 가진 n type, p-type 반도체를 만드는 공정이다. $T = 300K$에서 $N_d = N_a$로 도핑 되었다면 도핑 농도에 상관없이 전자와 홀의 농도(n_0, p_0)는 $1.5 \times 10^{10} cm^{-3}$이다.

self Q&A

1 Compensated **반도체 제조 공정에 대해서 설명해보라.**

2 n-type Si**기판 일부 지역에** p-type**화 하기 위해서 어떤 공정방식과 도핑농도를 가져야 하나?**

3 Intrinsic **반도체의 정의 두가지를 말해보라.**

4 $N_d = N_a = 1.5 \times 10^{18} cm^{-3}$**로 같은 농도로 도핑되었다면**(at 300K) **최종 캐리어 농도는 얼마인가?**

✪ Intrinsic Si: 도핑이 전혀 되지 않은 순수 Si. Conduction band 전자 수와 Valence band의 홀수가 같다. 페르미 레벨도 온도와 상관없이 에너지 밴드갭 중앙에 위치(Compensated반도체를 배우기 전까지 intrinsic 반도체의 정의)

도핑이 되지 않은 순수 Si도 Intrinsic이지만 $N_d = N_a$ 즉 n doping 농도와 p doping 농도가 같은 경우도 intrinsic Si이 된다. 두가지 모두 전자와 홀의 농도는 $n_0 = p_0 = 1.5 \times 10^{10} cm^{-3}$이고 페르미 레벨 위치도 에너지 밴드갭 중앙에 있다.

1-10 Diffusion current와 Drift current

반도체에서는 딱 두가지 종류의 전류만 흐른다.

- **확산 전류**: 전자나 홀의 농도차에 의한 확산 전류(Diffusion current)
- **전계 전류**: 외부 전압(외부 전기장)에 의한 전류(Drift current)

Diffusion current(확산 전류)

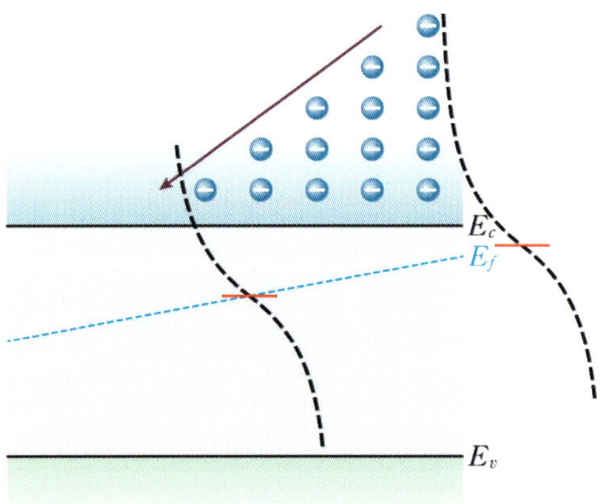

그림 1-39 에너지 밴드갭으로 Diffusion current를 표현. 밴드갭 내부에 페르미-디락 분포 곡선을 페르미 레벨을 중심으로 그려보면 어느 쪽이 Conduction band 위에 전자 농도가 높은지 알 수 있다.

반도체 내에 전류(current)가 흐른다는 것은 더 이상 평형상태(equilibrium state)가 아닌 non-equilibrium 상태라 할 수 있다. 외부에 에너지가 가해지거나 전자나 홀의 이동에 의해 평형상태가 깨진 것이다.

에너지 밴드갭 모양만 보아도 diffusion current가 흐르는지 아니면 drift current가 흐르는지 알 수 있다. 저자가 여러 번 강조하듯이 반도체는 에너지 밴드갭 엔지니어링이기 때문에 에너지 밴드갭의 모양만 보아도 현재 반도체가 어떤 상태인지 정확하게 판단할 수 있다.

그림 1-39는 n-type 반도체의 확산 전류(diffusion current)를 나타낸 그림인데 전자의 농도 차이로, 즉, 높은 농도에서 낮은 농도로 이동하면서 전류가 발생한다.

그림 1-39의 에너지 밴드갭을 자세히 살펴보면 밴드갭 오른쪽 부분에서 페르미 레벨이 Conduction band와 가까이 있고 왼쪽 부분으로 갈수록 페르미 레벨이 Conduction band와 멀어진다. 이것은 지금까지 페르미 레벨과 전자의 농도와의 관계를 배웠기 때문에 충분히 이해할 것이다.

즉 밴드갭 오른쪽 부분은 전자의 농도가 높고 왼쪽 부분은 전자의 농도가 낮아 잉크(고농도)를 물(저농도)에 뿌렸을 때 확산되는 것처럼 높은 농도에서 낮은 농도로 자연스럽게 diffusion current(확산 전류)를 예상할 수 있다.

전자의 농도가 높은 쪽과 낮은 쪽에 페르미-디락 분포 곡선을 그려봐도 전자발견확률 0.5 지점 즉 페르미 레벨의 위치가 오른쪽 부분이 Conduction band와 가까이 있다(그림 1-39 내 분포 곡선 참조).

전자와 홀의 확산 전류 식은 아래와 같다.

$$J_{e-diff} = -q - D_e \frac{dn}{dx} = qD_e \frac{dn}{dx} \qquad J_{h-diff} = +q - D_h \frac{dn}{dx} = -qD_h \frac{dn}{dx}$$

여기서 D_e와 D_h는 전자와 홀의 diffusion coefficient(확산 계수)로 아래 표로 정리하였다.

표 Si 내 전자와 홀의 확산 계수와 이동도

	$\mu_e\,(\mathrm{cm^2/Vsec})$	$D_e\,(\mathrm{cm^2/Vsec})$	$\mu_h\,(\mathrm{cm^2/Vsec})$	$D_h\,(\mathrm{cm^2/Vsec})$
Si	1350	35	490	12.4

전자의 확산 전류 식을 한번 뜯어보자. 확산은 거리에 따라 감소하는 물리적의미를 가지고 있으므로 앞에 마이너스 부호를 붙여 $-D\dfrac{dn}{dx}$로 표현하고 전자의 부호 마이너스를 추가로 곱하여 최종 확산 전류식이 나온 것이다.

홀의 확산 전류식도 한번 뜯어보자. 확산은 거리에 따라 감소하는 물리적의미를 가지고 있으므로 앞에 마이너스 부호를 붙여 $-D\dfrac{dn}{dx}$로 표현하고 홀의 부호 플러스를 추가로 곱하여 최종 확산 전류식이 나온 것이다.

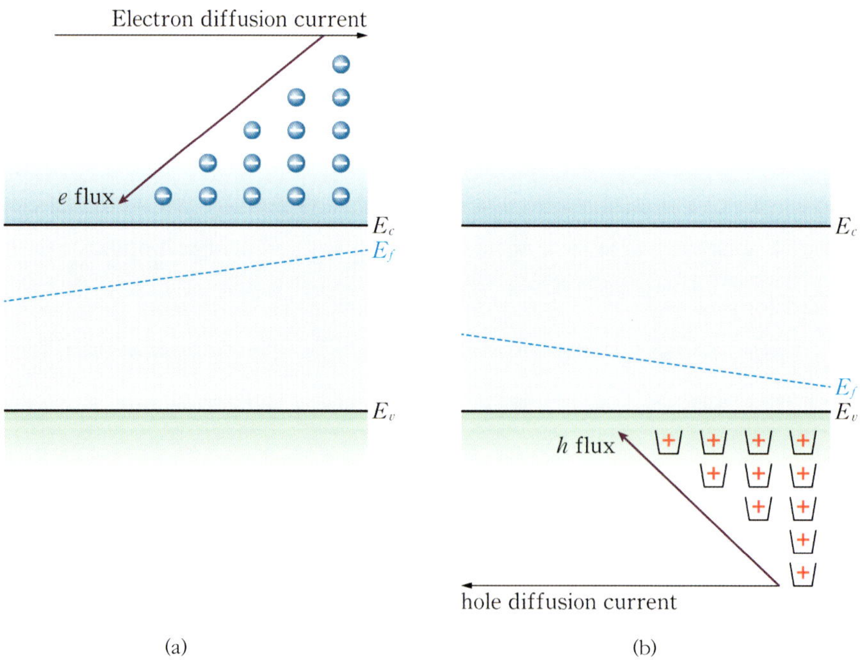

그림 1-40 전자의 확산(e-flux)과 전류(J)의 방향(a) 홀의 확산(h-flux)과 전류(J)의 방향(b)

전자의 확산의 방향은 오른쪽에서 왼쪽이므로 전류의 방향은 반대라는 것을 알 수 있다. 왜냐하면 전자의 극성이 negative이기 때문이다. 참고로 홀의 극성은 positive이기 때문에 홀의 확산 방향이 전류의 방향이다.

Drift current(전계 전류)

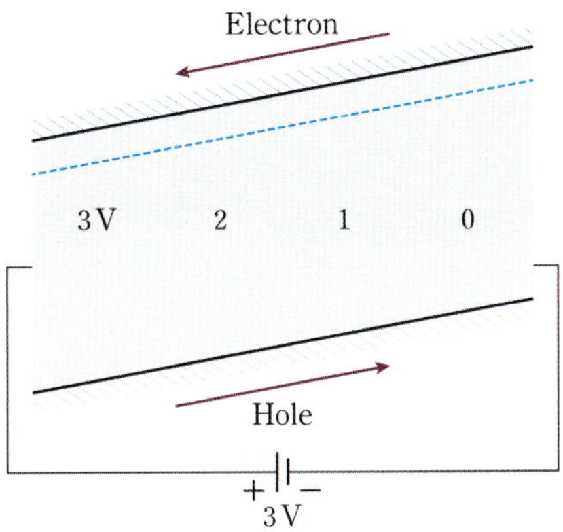

그림 1-41 에너지 밴드갭으로 Drift current를 표현

n-type 반도체 덩어리에 외부에서 3V전압을 가해보자. 위 그림은 n-type 반도체 덩어리를 에너지 밴드갭으로 바꾸어 외부에 3V를 인가했을 때 상황이다.

반도체 덩어리 전체의 저항성분이 일정하다면 외부 전압 3V를 가했을 때 반도체 내부에서 일정하게 전압강하가 일어날 것이다(그림 1-41)(전압강하는 저항성분이 가장 큰 쪽에서 일어난다. **참고** p-n 다이오드에서의 전압강하는 가장 저항성분이 가장 큰 depletion영역에서 거의 100% 일어난다).

그리고 +3V걸린 지점이 전자의 에너지 준위가 가장 낮아지고 0V 즉 ground로 잡힌 지점이 상대적으로 전자의 에너지 준위가 높아져 그림처럼 Conduction band선과 Valence band선이 서로 평행하게 기울기가 생길 것이다. 페르미 레벨은 전자의 농도 차를 나타내는 가이드라인이기 때문에 그림 1-41에서는 농도차는 보이지 않으므로(확산 전류는 없다) 페르미 레벨 선도 Conduction band선, Valence band선과 평행하게 그린다. 이 경우는 drift current 만 흐른다고 보면 된다.

외부 전압(+3V)에 의한 전자 다발(flux)의 방향은 전자의 에너지 준위가 높은 오른쪽에서 낮은 왼쪽이고 전류의 방향은 그 반대 방향이 될 것이다.

Drift current를 이해하기 전에 먼저 전기장(electric field)와 이동도(mobility)에 대해서도 공부해보자.

전기장(E-field)과 전압의 관계는 아래와 같다.

$$E = \frac{V}{d}$$

E = 전기장: electric field, V = Voltage: 전압, d = distance, 거리

예를 들어 MOSFET의 source와 drain에 5V 전압을 걸어보자.

Source와 drain의 거리는 $0.1\mu m (= 0.1 \times 10^{-4} cm = 10^{-5} cm)$

따라서 source와 drain사이의 E-field 크기는

$E = \frac{V}{d}$ **$= 5V/10^{-5}cm = 500{,}000V/cm = 500KV/cm$로 전압(V)의 크기는 얼마되지 않지만 E-field의 크기는 어마어마한 크기이다. 이정도의 E-field면 소자가 터져버릴 정도(Breakdown)의 크기이다.**

참고로 나중에 다시 배우겠지만 MOSFET에서 강한 외부 전압에 의해 breakdown이 생기면 100% drain지역에서 생긴다. 왜냐하면 drain지역에서 depletion영역이 생기기 시작하고 depletion영역의 저항 성분이 크다 보니 source/drain에 걸린 전압 대부분이 depletion영역

에 걸리고 전압이 증가하면서 breakdown(소자가 터지는 현상)도 depletion 시작 지점인 drain에서 발생한다.

이동도(mobility)를 나타내는 2개의 식은 이해하고 넘어가자.

첫번째 이동도 식:

$$\mu_e = \frac{q\tau_e}{m_e^*} \qquad \mu_h = \frac{q\tau_h}{m_h^*}$$

τ = carrier와 carrier가 서로 충돌이 일어나기 전까지 평균 lifetime

m_e, m_h: 유효질량(effective mass) = 자유전자의 질량(9.1×10^{-31}kg) 대비 각 원소의 원자핵으로부터 얼마만큼의 구속되어 있는지 나타내는 지표

Quiz

금속은 엄청나게 높은 전도도를 가지고 있다. 하지만 전자의 이동도는 상당히 낮은데 이유는?

답 전도도가 높다는 뜻은 carrier의 농도가 높거나 이동도가 높아야 한다. 하지만 모든 금속의 이동도가 낮은 이유는 바로 전자의 농도가 적어도 10^{21}cm^{-3} 이상으로 carrier들이 서로 쉽게 scattering(충돌)이 일어나면서 lifetime(τ)이 너무 짧기 때문에 이동도가 낮다.

두번째 이동도 식:

$$\mu_e = \frac{v_{de}}{E} = \frac{\text{cm/sec}}{V/\text{cm}} = \text{cm}^2/V \cdot \text{sec}$$

이동도의 정의는 단위 전기장(E) 내에서 carrier의 속도(v_{de})이다.

$$J_{e-drift} = \rho v_{de} = -qnv_{de}$$

$$v_{de} = -\mu_e E$$

$$J_{drift} = q(n\mu_e + p\mu_h)E = \sigma E \qquad \sigma\text{: conductivity}$$

$$J_{e-drift} = -qnv_{de} = -qn(-\mu_e E) = qn\mu_e E$$

Total drift current density : electron + hole drift current densities

$$J_{drift} = q(n\mu_e + p\mu_h)E = \sigma E \qquad \sigma\text{: conductivity}$$

반도체 공학에서 최종적으로 도달해야 하는 결론이 전류(밀도)이다.

작은 단위 면적(cm^{-2})에서 전류를 끌어 올리는 것이 반도체를 하는 사람들에게 가장 큰 숙제라 할 수 있다.

위 식(J_{drift})에서 높은 전류를 얻기 위한 변수 중에 캐리어(전자, 홀) 농도가 있고 또 이동도도 전류에 영향을 준다.

최근 전류 밀도(J)를 올리기 위한 목적으로 FinFET, GAA(Gate-All-Around) 그리고 strained SiGe channel 기술 등이 반도체 기업에서 적용되고 있다.

결국 이런 기술들은 캐리어 수와 이동도(μ)를 높이기 위한 첨단의 응용 기술이라 할 수 있다.

정리

이제 확산 전류(Diffusion current)와 전계 전류(Drift current)를 배웠으니 한번 정리를 해 보자.

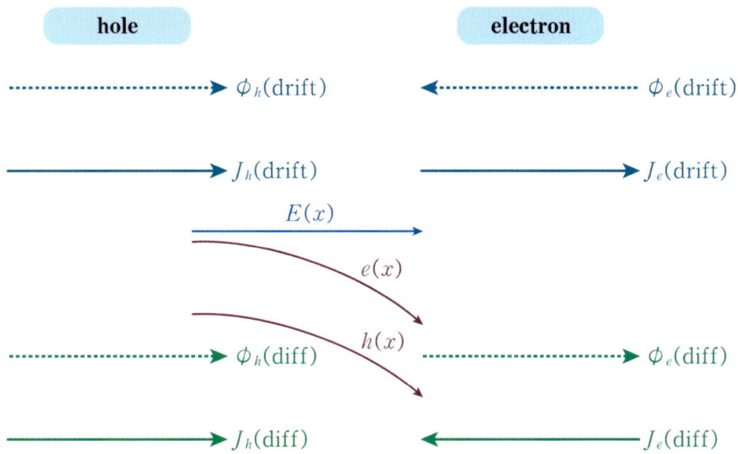

그림에서 전자와 홀의 농도가 왼쪽이 높고 오른쪽이 낮다. 전기장(E-field)의 방향은 왼쪽에서 오른쪽이다.

그림 1-42 전자와 홀에 대한 확산 방향과 확산 전류방향 그리고 전기장에 의한 전자와 홀의 방향과 drift 전류방향

위 그림에서 전자와 홀 확산($\Phi(diff)$, flux)은 농도가 높은 왼쪽에서 농도가 낮은 오른쪽으로 흐르고 확산 전류는 q를 곱해야 하므로 전자($-q$)와 홀의 부호($+q$)만 조심해서 붙이면 전류(J_{diff})의 방향이 결정된다.
위 그림의 E-field경우 전자의 방향($\Phi(drift)$, flux)은 전기장의 반대 방향 즉 오른쪽에서 왼쪽이고 홀의 방향은 전기장과 같은 방향 왼쪽에서 오른쪽이며 전계 전류는 q를 곱해야 하므로 전자($-q$)와 홀의 부호($+q$)만 조심해서 붙이면 전류(J_{drift})의 방향이 결정된다.

self Q&A

아래 그림 열평형 상태의 1) 2) 3)에서 밴드갭 자체와 페르미 레벨이 기울어지는 현상을 보고 어떤 종류의 전류(Current)가 발생하는지 답해보라.

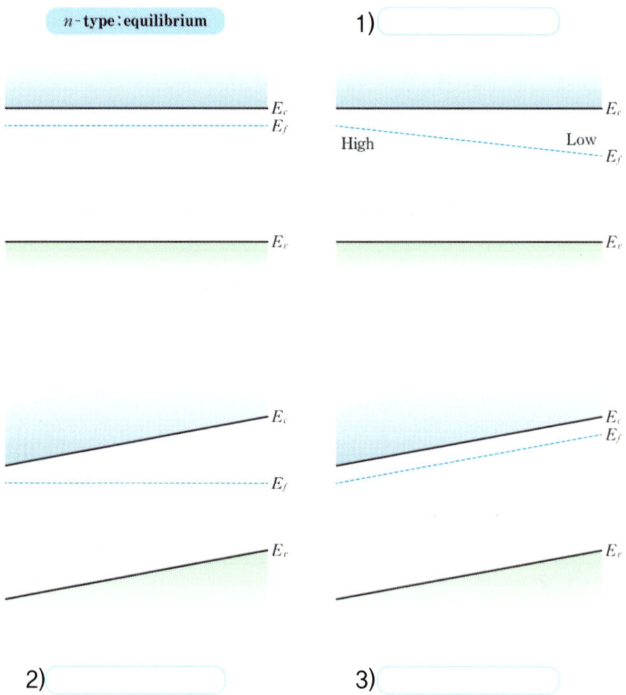

그림 1-43 확산(Diffusion) 전류와 전계(Drift) 전류

답 1) Diffusion current 2) Drift & Diffusion current 3) Drift current

1) 페르미 레벨의 왼쪽이 Conduction band에 가깝고(전자의 농도가 높고) 오른쪽이 멀다(전자의 농도가 낮다)(Diffusion). 밴드갭 자체의 기울기는 없다. ⇒ Diffusion current
2) 페르미 레벨의 왼쪽이 Conduction band에 가깝고(전자의 농도가 높고) 오른쪽이 멀다(전자의 농도가 낮다) (Diffusion). 밴드갭 자체 기울기가 왼쪽이 낮다(Drift). ⇒ Drift & Diffusion current
3) 페르미 레벨은 Conduction band와 일정한 간격을 가지고 있다(no diffusion). 밴드갭 자체 기울기가 왼쪽이 낮다(Drift). ⇒ Drift current

동영상 링크 : https://www.youtube.com/watch?v=foSqro3os9s&t=54s

유튜브 검색 키워드 : 확산 전류, 전계 전류, 앤디솔

1-11 Quasi fermi level(준 페르미 레벨)은 무엇인가?

Quasi 발음은 "쿼자이, 쿼지"라고 발음한다.

한마디로 그렇게 중요한 용어는 아니다. 산업체, 연구소에서 어떤 사람이 가끔 quasi fermi level 용어를 꺼내면 좀 있어 보이기는 하지만 별로 중요한 용어는 아니고 개념 정도면 충분하다는 뜻에서 개념만 설명하고 넘어가겠다.

Quasi의 사전적인 의미는 임시적인, temporary, 잠시동안, 준(準)의 의미를 가진다.

지금까지 본 교재에서 다루는 페르미 레벨은 열평형상태에서만 다루었다.

이번 섹션은 non-equilibrium상태에서 페르미 레벨을 다룰 것이다.

열평형상태(thermal equilibrium state)는 온도의 변화없이 일정하게 유지된 상태이고 외부에서 photon에너지나 바이어스가 가해지지 않은 상태이다. 예를 들어 300K 열에너지가 온도 변화 없이 일정하게 유지된 상태이다. 이런 상태에서는 Valence band에서 전자와 donor level에서의 전자는 300K라는 특정 열에너지를 받아 Conduction band로 여기(excitation)될 수 밖에 없다. 물론 페르미-디락 분포곡선을 따라 전자들이 에너지 밴드갭에 분포한다. 하지만 한번 여기된 전자들은 다시 에너지 준위가 낮은 원래의 위치인 Valence band의 홀로 돌아간다. 우리는 이것을 재결합(recombination)이라 한다. 따라서 일정한 온도 즉 열평형 상태에서 전자는 여기(excitation)와 재결합(recombination) 과정을 무한 반복한다. 한마디로 전자입장에서는 정신없이 움직인다. 우리가 상온에서 어떤 물체를 바라봤을 때 아무런 변화가 없어 보이지만 원자레벨에서는 전자가 정신없이 올라갔다 내려갔다 하는 것을 알아두자.

문제는 여기서부터다. 갑자기 photon에너지를 외부에서 가해보자.

예를 들어

$$\mathrm{eV} = \frac{12396.44}{\lambda(\text{Å})} = \frac{12396.44}{4500\mathrm{A}} = 2.75\mathrm{eV}$$

에너지 밴드갭 2.75eV만큼 여기(excitation)시킬 수 있는 4500Å 파장을 가진 photon에너지를 Si 반도체에 가해보자.

Si의 에너지 밴드갭은 1.1eV이기 때문에 4500Å 정도의 파란색 파장은 Valence band의 전자를 충분히 모두 Conduction band로 여기 시킬 수 있는 에너지이다.

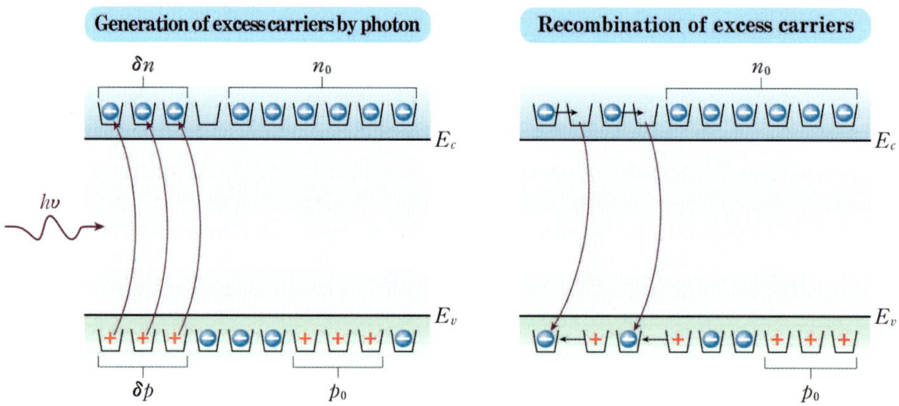

그림 1-44 열평형 상태에서 추가 외부 에너지(photon, E-field, 온도)를 주었을 때 추가적인 여기와 재결합 현상

열평형 상태에서 추가적인 외부 에너지 예를 들어 photon이나 E-field 또는 추가적인 온도 에너지를 주었다고 하자. 그러면 Conduction band와 Valence band의 전자와 홀의 농도는

다음과 같이 나타낸다.

$$n = n_0 + \delta n \qquad p = p_0 + \delta p$$

n_0, p_0: 열평형 상태에서 전자와 홀의 농도

$\delta n, \delta p$: 추가 외부 에너지에 의해 발생한 excess carrier(전자와 홀의 농도)

이렇게 외부에서 추가 에너지를 가하면 더 이상 열평형 상태가 아니기 때문에 지금까지 사용해왔던 전자, 홀과 페르미 레벨 관계식이 아래와 같이 바뀌어야 한다.

$$n_0 = n_i \exp\left(\frac{E_f - E_{fi}}{kT}\right) \quad \Rightarrow \quad n_0 + \delta n = n_i \exp\left(\frac{E_{fn} - E_{fi}}{kT}\right)$$

$$p_0 = n_i \exp\left(\frac{E_{fi} - E_f}{kT}\right) \quad \Rightarrow \quad p_0 + \delta p = n_i \exp\left(\frac{E_{fi} - E_{fp}}{kT}\right)$$

E_{fi}: intrinsic fermi level(Si인 경우 에너지 밴드갭 항상 중앙인 지점 0.55eV)

E_{fn}, E_{fp}: 추가 외부 에너지에 의해 발생한 임시적인 전자와 홀 기준의 quasi fermi level

위 식의 왼쪽은 열평형 상태에서 전자, 홀의 농도와 intrinsic fermi level로부터 얼마만큼 fermi level이 떨어져 있는지 상관 관계이고 오른쪽은 추가 에너지를 받아서 생긴 전자, 홀의 농도와 intrinsic fermi level로부터 얼마만큼 quasi-fermi level이 떨어져 있는지 상관 관계이다.

이 quasi-fermi level은 외부에서 추가 에너지를 가한 상태일 때의 임시적인 fermi level로 외부 에너지를 끊는 순간 quasi-fermi level은 에너지 밴드갭 내에서 더 이상 고려 대상이 아니다.

예제를 한번 들어보자.

예제

$T=300\text{K}$**에서** $N_d = n_0 = 1.5\times10^{15}\text{cm}^{-3}$ n-type **도핑되어 있다. 이럴 경우** $n_0 p_0 = n_i^2$**에 의해** $p_0 = 1.5\times10^5\text{cm}^{-3}$**값을 가진다. 즉** majority carrier**는 전자이고** minority carrier**는 홀이다. 만약 외부 에너지에 의해 추가** carrier(excess carrier) $\delta n = \delta p = 10^{13}\text{cm}^{-3}$**이 생겼다면** quasi-fermi level**의 위치는 어디인가**?

문제풀이 전 정리

먼저 전자의 추가 농도는 $\delta n = 10^{13}\text{cm}^{-3}$로 기존 열평형 상태에서 농도 $n_0 = 1.5\times10^{15}\text{cm}^{-3}$에 비하면 많지 않다. 그리고 홀의 추가 농도 $\delta p = 10^{13}\text{cm}^{-3}$는 기존 열평형 상태에서 홀 농도 $p_0 = 1.5\times10^5\text{cm}^{-3}$에 비하면 상당히 큰 숫자이다.

문제풀이

먼저 열평형 상태에서 전자, 홀과 페르미 레벨과의 관계를 먼저 살펴보자.

$$E_f - E_{fi} = kT\text{In}\,(n_0/n_i) = 0.2982\text{eV}$$

전자의 입장에서 페르미 레벨을 계산한 식이고

$$E_{fi} - E_f = kT\text{In}\,(p_0/n_i) =- 0.2982\text{eV}$$

홀의 입장에서 페르미 레벨을 계산한 식이다.

Intrinsic fermi level(=0.55eV 지점)에서 전자 입장에서 페르미 레벨은 위로 0.2082eV만큼 떨어져 있고 홀의 입장에서 페르미 레벨은 아래로 떨어져 있어야 정상이나 마이너스 값으로 봐서는 다시 위로 떨어진 값 결국은 같은 자리인 0.2982eV 자리가 된다. 열평형 상태에서는 majority carrier 입장에서든 minority carrier 입장에서든 페르미 레벨의 위치는 같다.

하지만 외부 에너지에 의해 추가 전자와 홀이 발생했다면 $\delta n = \delta p = 10^{13}\text{cm}^{-3}$

추가 전자 입장에서 페르미 레벨 위치는

$$E_{fn} - E_{fi} = kT\ln\left(\frac{n_0 + \delta_n}{n_i}\right) = 0.2984\text{eV}$$

로 열평형 상태에서보다 약 0.0002eV 더 올라가 있다. 왜냐하면 $n_0 + \delta_n = 10^{15} + 10^{13}\text{cm}^{-3} = 10.001^{15}$이기 때문이다.

한편 추가 홀 입장에서 페르미 레벨 위치는

$$E_{fi} - E_{fp} = kT\ln\left(\frac{p_0 + \delta_p}{n_i}\right) = 0.179\text{eV}$$

로 intrinsic 페르미 레벨에서 아래로 0.179eV만큼 떨어져 있다.

외부 에너지가 가해지는 동안 추가 carrier가 발생했고 외부에너지가 가해지는 동안은 새로운 두개의 quasi-fermi level이 가이드 라인으로 밴드갭 내에 그려볼 수 있다.

하지만 외부 에너지를 끊는 순간 이 quasi-fermi level은 밴드갭 내에 고려대상이 아니다.

Tip

Quasi-fermi level이 밴드갭 내에서 사라졌다는 표현을 쓰지 않는 이유는 "사라졌다"는 표현이 마치 quasi-fermi level이 물리적으로 존재하고 있다가 사라진 것처럼 오해 할까 이다. 다시 말하지만 quasi-fermi level이든 fermi level이든 수학적 가이드 라인이지 물리적으로 존재하는 에너지 라인이 아니다. 따라서 사라진다는 표현보다는 수학적으로 고려대상이 아니다라는 표현이 더 적당해 보이기 때문이다.

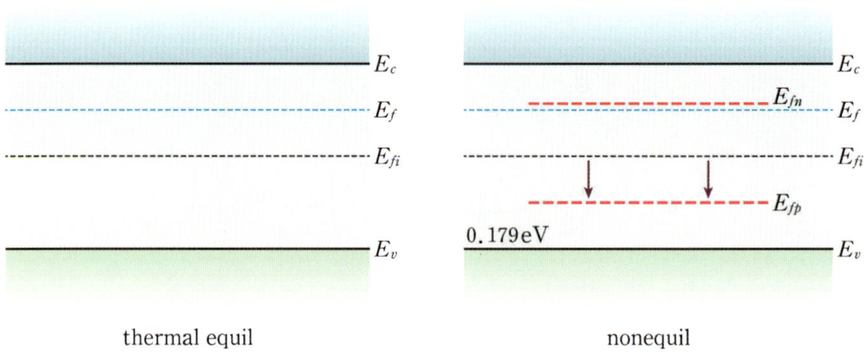

그림 1-45 열평형 상태에서 페르미 레벨의 위치와 외부 에너지가 가해지는 동안에 quasi-fermi level

정리 quasi fermi level하면 뭔가 특별한 다른 의미가 있다고 오해하지 말자. 한마디로 열평형 상태가 깨진 외부 에너지가 가해진 상태에서만 존재하는 임시적인 페르미 레벨이라고 이해하면 된다.

CHAPTER

2

p-n diode 동작 원리

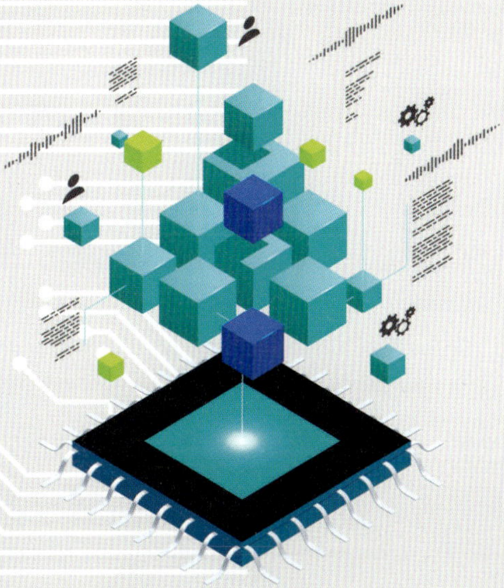

2-1 p-n 접합(junction) 개념 잡기

들어가기 전

p-n 접합을 배우기 전에 우리는 앞서 p-type, n-type 생성 원리를 배웠고 확산 전류를 배웠다.

p-type의 majority carrier는 홀이고 확산에 의해 홀이 사라지면 남겨진 이온은 negative 이온이라는 것도 잠시 다루었다(섹션 1-7 n-tye, p-type 생성원리). (앞으로 좀 더 심도 있게 다룰 예정)

n-type의 majority carrier는 전자이고 확산에 의해 전자 사라지면 남겨진 이온은 positive 이온이라는 것도 잠시 다루었다(섹션 1-7 n-tye, p-type 생성원리). (앞으로 좀 더 심도 있게 다룰 예정)

p-n 접합은 p-type과 n-type 각 반도체를 서로 접합하여 만드는 것은 아니다. 앞서 compensated 반도체를 배운 것처럼 p-type 반도체(또는 n-type 반도체)에 더 높은 농도의 n-type doping (또는 p-type 도핑)을 통하여 p-n 접합을 만드는 것이다. 이번 섹션에서는 p-type 반도체와 n-type 반도체를 접합하였을 때 어떤 일들이 일어나는지에 대해서 배울 것이다.

자 p-type과 n-type을 접합해보자. 물론 지금은 외부 바이어스가 없는 즉 $V_a = 0\text{V}$인 상태이다(at $T = 300\text{K}$).

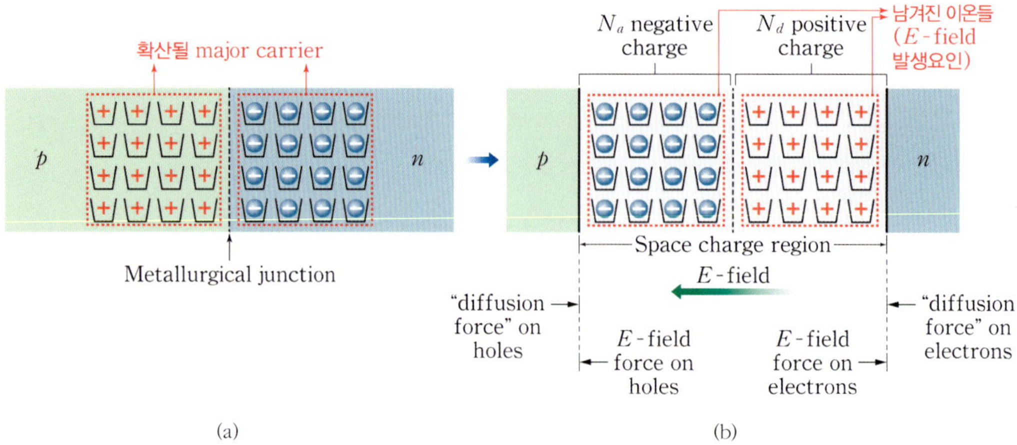

그림 2-1 p-n 접합 시작(a)과 접합 후(b)의 변동사항

p-n 접합시 순차적으로 생기는 현상부터 설명하면

1. p지역과 n지역에서 각 majority carrier인 홀과 전자의 확산이 시작된다. 왜냐하면 접합을 하는 순간 p지역의 홀(majority carrier) 농도가 높고 n지역의 홀(minority carrier) 농도가 낮아 확산이 자연스럽게 일어나고, n지역의 전자 농도(majority carrier)가 높고 p지역의 전자(minority carrier) 농도가 낮아 확산이 자연스럽게 동시에 일어난다.

2. p지역에서 홀의 확산이 일어나면 홀이 떠난 자리는 negative 이온이 남게 되고, n지역의 전자가 확산하면 전자가 떠난 자리는 positive이온이 남게 되어 두 이온들 간에 전기장(E-field) 형성이 시작되고 확산이 계속 일어날수록 남겨진 이온들의 양이 많아지면서 전기장의 세기도 커진다. (negative 이온과 positive이온이 남겨지는 이유는 추후 설명)

3. 남겨진 이온들에 의한 전기장의 방향은 positive이온(n지역)에서 negative이온(p지역) 방향이고 이 전기장 방향은 전자의 확산과 홀의 확산을 막는 방향이라 확산이 무한정 일어나지 않는다.

4. 확산의 방향과 전기장의 방향이 서로 반대이기 때문에 확산이 일어날수록 남겨진 이온들에 의해 전기장(E-field)이 점점 강해지고, 강해진 전기장이 확산을 막으면서 더 이상 확산이 일어나지 않는다.

5. 전기장을 형성하는 positive 이온들과 negative 이온들 지역을 depletion지역(공핍층, space charge region)이라 부르고 이 지역의 저항(resistivity)은 확산이 일어나지 않은 나머지 neutral p지역, neutral n지역의 저항(resistivity)보다 크다. 왜냐하면 전도도(1/비저항)에 기여하는 전자와 홀이 공핍층에서만 사라졌기 때문이다.

6. 사라진 즉, 확산해버린 전자와 홀은 어떻게 되느냐를 많이 궁금해한다. 확산된 전자들은 p지역의 majority carrier인 홀과 만나 재결합으로 사라지고 n지역으로 확산된 홀들은 n지역의 majority carrier인 전자와 만나 재결합으로 사라져 버린다. 왜냐하면 확산한 전자와 홀의 양은 p지역의 majority carrier 홀과 n지역의 majority carrier 전자의 양에 비하면 너무나 작은 양이기 때문에 반대지역으로 넘어오자 마자 바로 재결합 과정을 거쳐 사라지게 된다(at $V_a = 0\text{V}$). (추후 공부)

동영상 링크 : https://www.youtube.com/watch?v=bhC2XcYlUf4&t=8s
유튜브 검색 키워드 : p–n접합 원리, 앤디솔

2-2 공핍층(Delpetion, Space charge region)은 왜 저항이 큰가?

(남겨진 이온은 저항이 크고 전기장(E-field)을 일으킨다?)

p 지역의 홀과 n 지역의 전자가 확산에 의해 사라져 버린 후 남겨진 이온들의 저항성이 커지는 것은 "섹션 1-7, n-type, p-type은 어떻게 형성이 되나?"에서 먼저 설명한 바가 있다.

좀 더 자세히 아래 그림을 보면서 설명해보겠다.

Chapter 1에서 p-type 생성 원리에 대해서 배웠다. 그림 2-2(d)를 보면 실온의 열에너지(T = 300K)로 Valence band의 전자가 여기(excitation)되어 acceptor level(E_a)로 올라간다. 전자가 올라간 후 Valence band(E_v)에 홀(+극성)이 남겨지고 acceptor level로 올라온 전자(−극성)로 인해 acceptor level의 극성은 negative(−극성)가 된다. 열평형 상태라면 홀(+극성)과 acceptor level(−극성)이 서로 상쇄되어 전체 p-type은 중성(neutral)을 띄게 된다(+극성의 수와 −극성의 수가 같음). 하지만 이번 **p-n 접합을 통해 p-type의 majority carrier인 홀(in Valence band)이 n지역으로 확산되어 버리면서 남겨진 acceptor level의 전자(−극성)로 인해 극성이 negative로 남게 된다(negative 이온)**. 홀 확산을 통해 홀이 사라져버린 p-지역 내에 negative 이온화된 지역을 공핍층(depletion, space charge region)이라 부른다. 정확히 말하면 p지역 공핍층(−극성).

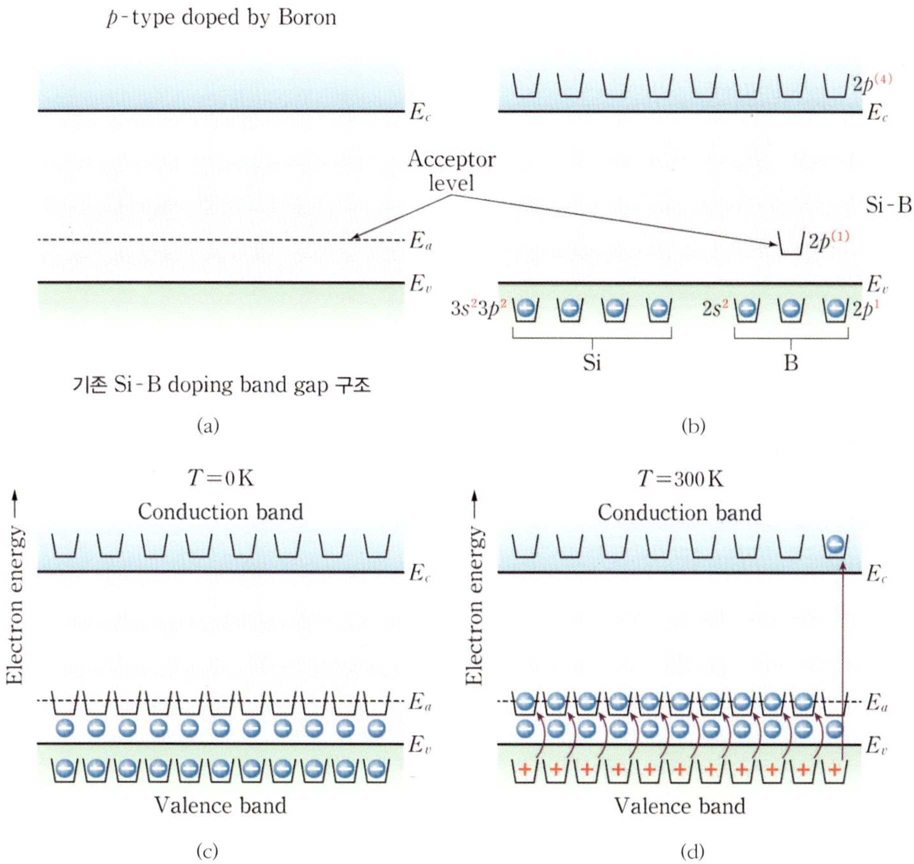

그림 2–2　p-type 에너지 밴드 그림과 구체적인 p-type 생성원리(그림 1-28과 동일)

다음은 n-type쪽을 보자.

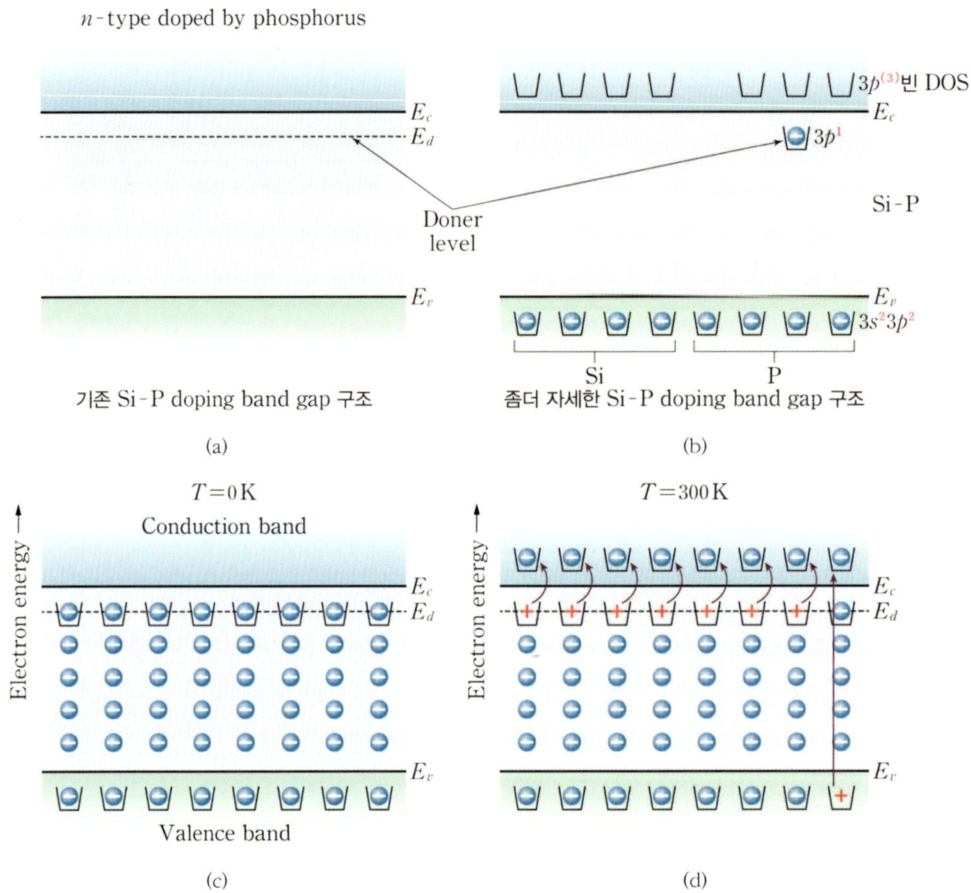

그림 2-3 n-type 에너지 밴드 그림과 구체적인 n-type 생성원리(그림 1-24와 동일)

위 그림 2-3(d)를 보면 실온의 열에너지(T=300K)로 donor level(E_d)의 전자가 여기(excitation)되어 Conduction band(E_c)로 올라간다. 전자가 올라간 후 donor level(E_d)에 positive state(+극성)가 남겨지고 Conduction band로 올라온 전자(−극성)로 인해 Conduction band의 극성은 negative가 된다. 열평형 상태에서 donor level(E_d)의 positive state(+극성) 숫자와 Conduction band의 전자(−극성) 숫자가 같으므로 서로 상쇄되어 전체 n-type은 중성을 띄게 된다. **하지만 이번 p-n 접합을 통해 n-type의 majority carrier인 전자(in Conduction band)가 p지역으로 확산되어 버리면, 남겨진 donor level의 positive state로 인해 극성이 positive로 남게 된다(positive 이온).** 전자 확산을 통해 전자가 사라져버린 n-지역 내에 positive 이온화된 지역을 공핍층(depletion, space charge region)이라 부른다. 정확히 말하면 n지역 공핍층(+극성)

여기서 우리는 중요한 결론을 내릴 수 있다.

p-n접합에서 majority carrier인 전자와 홀이 확산을 하고나서 남겨진 ion 지역 즉 공핍층의 저항성은 어떨까? 당연히 공핍층의 저항 성분은 커진다. 왜냐하면 전도도에 기여하는 전자와 홀이 사라져 버렸기 때문이다. 따라서 p-n 접합후 외부에서 전압(V_a)을 가하면 전압강하는 대부분 이 공핍층에서 일어난다.

$$J_{drift} = q(n\mu_e + p\mu_h)E = \sigma E \qquad \sigma\text{: conductivity}$$

위 식에서 전도도에 기여하는 전자(n)와 홀(p)이 확산으로 없어지면 전도도는 떨어지고 저항성은 증가

2-3 공핍층과 E-field(전기장)과의 관계는?

이렇게 확산 후에 p-지역, n-지역에서 각각 남겨진 negative, positive 이온들이 모여 공핍층을 형성하는데 아래 그림과 같이 공핍층을 포함한 p-n 접합은 아래 그림과 같다.

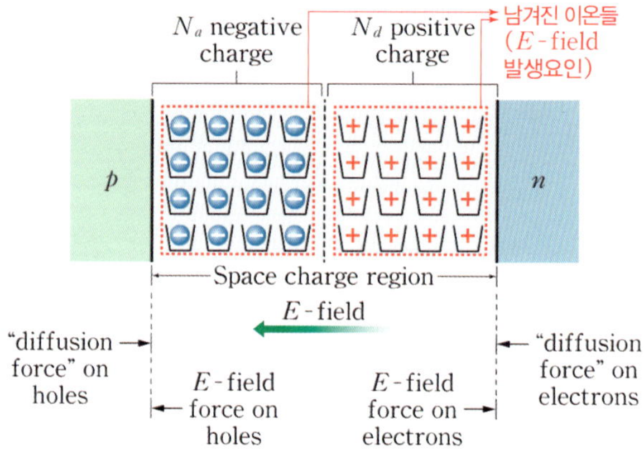

그림 2-4 전자 홀의 확산 후 남겨진 positive이온(n지역)과 negative이온(p지역)으로 이루어진 공핍층(그림 2-1(b)와 동일)

p지역에 남겨진 negative 이온들과 n지역에 남겨진 positive이온들은 서로 마주보면서 자연스럽게 Electric field(전기장, E-field)를 형성하게 된다(전자기학의 기초). (Built-in voltage (V_{bi}) 형성)

E-field의 방향은 positive 이온에서 negative이온 방향(그림 2-4에서 오른쪽에서 왼쪽)이므로 p지역의 majority carrier인 홀 확산 방향을 막게 하는 방향이다.

최초 p-n접합시에는 확산이 점점 일어나면 공핍층의 positive, negative이온의 양도 점점 늘어나게 되고 E-field의 세기도 점점 크게 되면서 홀과 전자의 확산을 점점 막게 되면서 어느 시점에 확산과 E-field 세기의 균형이 이루어지면서 더 이상 확산이 일어나지 않고 Depletion 지역내 positive, negative 이온 양도 증가하지 않게 된다.

그럼 이제 p-n 접합을 에너지 밴드그림으로 한번 그려보자(아래 설명을 그림 2-5와 비교).

그리는 요령은

1. 페르미 레벨을 먼저 직선으로 그린다.

2. p지역을 그릴 때는 Valence band를 페르미 레벨과 가깝게 Conduction band는 페르미 레벨과 멀게 직선을 그리면 된다.

3. n지역을 그릴 때는 Conduction band를 페르미 레벨과 가깝게 Valence band는 페르미 레벨과 멀게 직선을 그리면 된다.

4. p와 n지역의 Conduction band 선을 서로 이어주고 Valence band 선을 서로 이어주면 경사면이 생기게 된다. (Built-in voltage(V_{bi}) 형성)

5. intrinsic 페르미 레벨은 p지역이든 n지역이든 intrinsic Si을 고려했을 때 항상 중앙에 존재한다는 것을 앞 Chapter에서 배웠기 때문에 중앙에 선을 그리고 p지역과 n지역 사이도 자연스럽게 intrinsic 페르미 레벨 선을 이어준다.

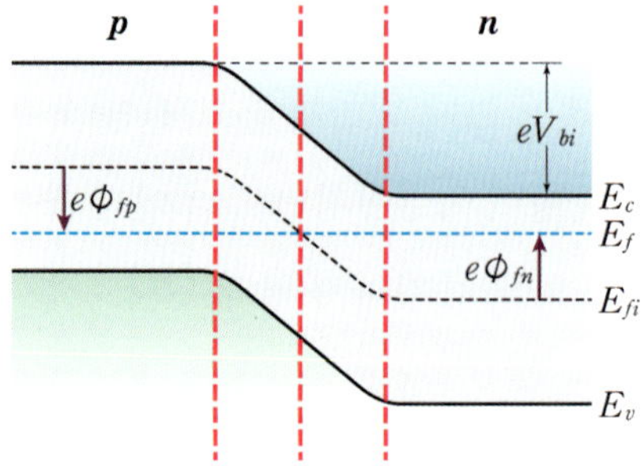

그림 2-5 p-n 접합을 에너지밴드 그림으로 그림

여기서 다시 한번 정리해야 할 사항이 2가지가 있다.

1. **p-n접합에서 majority carrier인 전자와 홀이 확산을 하고나서 남겨진 ion 지역 즉 공핍층의 저항성은 어떨까?** 당연히 공핍층의 저항 성분은 커진다. 왜냐하면 전도도에 기여하는 전자와 홀이 사라져 버렸기 때문이다. **따라서 p-n 접합후 외부에서 전압을 가하면 전압강하는 대부분 이 공핍층에서 일어난다.**

$$J_{drift} = q(n\mu_e + p\mu_h)E = \sigma E \qquad \sigma\text{: conductivity}$$

위 식에서 전도도에 기여하는 전자(n)와 홀(p)이 확산으로 없어지면 전도도는 떨어지고 저항성은 증가

2. **p-n 접합을 통해 생긴 E-field는 built-in voltage(V_{bi})와 서로 상관 관계가 있다.**

$$E = V_{bi}/W$$

where W: depletion width, V_{bi}=built-in voltage

그럼 Built-in voltage(V_{bi})의 크기 결정은 어떻게 될까 궁금하다.

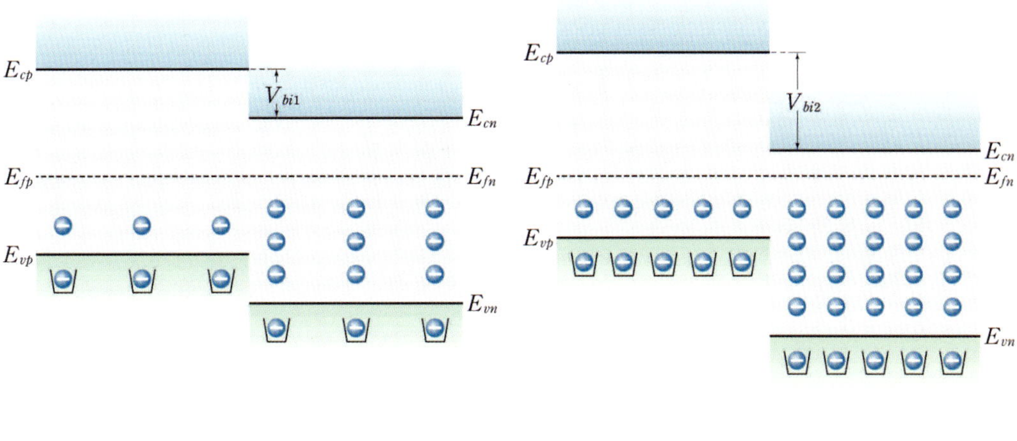

그림 2-6 Built-in voltage 크기 비교: p-n 접합의 도핑 농도가 낮을 때(a), 높을 때(b)

그림 2-6에서처럼 p-type, n-type Si의 농도가 낮을 때와 높을 때를 비교하였다.

Chapter 1에서 우리는 p-type, n-type에 도핑 농도를 높게 할수록 페르미 레벨이 Valence band와 Conduction band에 각각 가까워지는 것을 페르미-디락 분포 그림, 물리적 의미 그리고 수학적으로도 풀어 보았다. (그림 2-6에서 공핍층을 그리는 것은 생략하였으니 참고 바란다)

이렇게 p-n 접합을 이해하기위해서는 페르미 레벨, 페르미-디락 분포 그리고 p-type, n-type 생성원리를 이해해야만 한다.

페르미 레벨을 Valence band와 Conduction band와 각각 가깝게 그린 후 p-n 접합 그림을 그려보면 Built-in voltage가 구해지는데 위 그림에서 농도가 높은 (b)의 경우 Built-in voltage (V_{bi})의 크기가 더 큼을 알 수 있다.

물리적 의미는 그림 2-6(b)의 경우 더 높은 농도로 도핑 되었기 때문에 양쪽 캐리어 확산 후 더 높은 positive, negative 이온 밀도를 예상할 수 있어서 E-field가 커지면서 V_{bi}의 값도 커질 거라는 것을 쉽게 예상할 수 있다. 정성적으로는 이렇게 설명할 수 있지만 정량적으로 수식으로 정확히 V_{bi}의 크기를 계산할 수 있는데

$$V_{bi} = \frac{kT}{q} \text{In}\left(\frac{N_d N_a}{n_i^2}\right)$$

그리고 공핍층의 폭(Depletion width)는

$$W = \left[\frac{2\epsilon V_{bi}}{q}\left(\frac{N_a + N_d}{N_a N_d}\right)\right]^{1/2}$$

로 구해지고

p-지역과 n-지역의 공핍층의 폭을 따로 분리한다면

$$x_{po} = \frac{WN_d}{N_d + N_a} = \frac{W}{1 + N_a/N_d} = \left[\frac{2\epsilon_s V_{bi}}{q}\left(\frac{N_d}{N_a(N_a + N_d)}\right)\right]^{1/2}$$

$$x_{no} = \frac{WN_a}{N_d + N_a} = \frac{W}{1 + N_d/N_a} = \left[\frac{2\epsilon_s V_{bi}}{q}\left(\frac{N_a}{N_d(N_a + N_d)}\right)\right]^{1/2}$$

으로 나타내진다.

여기서 p, n지역의 도핑 농도가 높을수록 공핍층의 폭이 좁아지는 것을 알 수 있는데 **물리적 의미는 "도핑 농도가 높다는 의미만 이해하면 왜 공핍층의 폭이 좁아지는지"를 알 수 있다.**

도핑 농도가 높다는 의미는 단위 면적(cm^{-2})(or 단위 부피(cm^{-3}))당 많은 양의 전자와 홀을 품고 있다는 뜻이다.

예를 들어 전자와 홀의 수, 각각 서로 100개의 확산을 통해 positive, negative 이온이 생기고 E-field(전기장)에 의해 더 이상 확산이 일어나지 않도록 된다고 가정하면

농도가 높다는 의미는 아주 좁은 면적(or 부피)=(좁은 폭(width))에 전자, 홀 100개를 가지고 있다는 뜻이고 농도가 낮다는 의미는 아주 넓은 면적(or 부피)=(넓은 폭(width))에 전자, 홀 100개를 가지고 있다는 뜻이다.

아래 그림을 한번 보자.

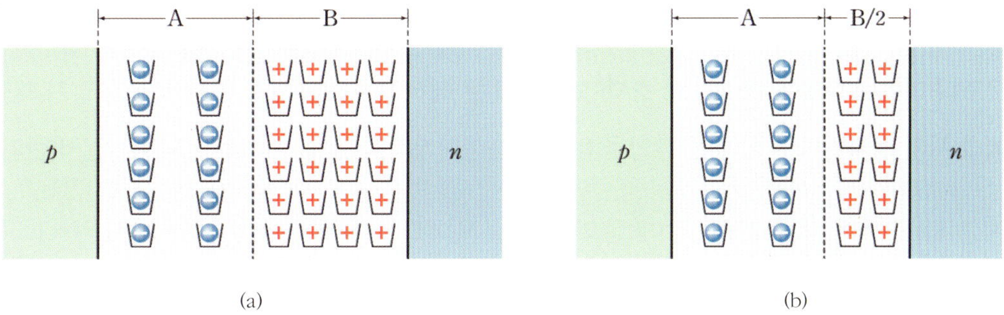

그림 2-7 도핑 농도가 낮은 p-type, 도핑 농도가 높은 n-type

그림 2-7은 도핑 농도가 낮은 p-type과 도핑 농도가 높은 n-type을 이해하기 좋게 그렸다.

같은 공핍층 폭(A=B)(그림 2-7(a))이지만 남겨진 이온의 수가 n지역의 경우 2배가 많다. 즉, 단위 폭(W) or 단위 면적(cm^{-2}) or 단위 부피(cm^{-3}) 당 이온의 수가 2배 많다는 뜻이다. 따라서 그림 2-7(b)처럼 폭을 반으로 줄였을 때 비로소 양쪽 같은 수의 이온을 볼 수 있다.

그림 2-7(a)의 경우는 순전히 독자의 이해를 돕기 위한 것이지 실제로 확산 후 남겨진 이온의 수는 같아야 한다. 같은 양의 전자와 홀이 확산 후 양쪽의 이온 수는 정확히 같아야 한다. 단지 도핑 농도에 따라 공핍층 폭만 다를 뿐이다.

따라서 그림 2-7(b)와 같이 높은 농도를 가진 n-type Si과 농도가 낮은 p-type Si과 접합한다면 우리는 아주 좁은 폭의 n지역의 공핍층을 예상할 수 있다.

그리고 좁은 폭의 공핍층이라면 당연히 강한 E-field도 예상할 수 있다.

왜냐하면 $E = V/W$, 여기서 W = 공핍층의 폭, V = built-in voltage

더구나 위에서 Built-in voltage도 농도가 높을수록 커지는 것을 알았기 때문에 농도를 높일 경우 E-field의 크기도 커지는 것을 쉽게 알 수 있다.

여기서 아주 중요한 점을 이해하고 넘어가야 하는데 E-field가 크다는 자체는 그만큼 p-n 다이오드나 다음에 배울 MOSFET의 소자(device)에 큰 에너지가 가해지고 있는 상태와 같기 때문에 소자가 터지거나 손상에 큰 영향을 미칠 가능성이 있다는 것을 이해하고 넘어가길 바란다.

예를 들어 아래 그림 2-8과 같이 앞으로 배울 MOSFET source/drain contact지역(contact well)의 저항 성분을 줄이기 위해 n^+(또는 p^+) 도핑을 하는데 n^+ 도핑지역의 공핍층 폭이 작아지는 것을 예상할 수 있고 E-field크기($E = V/W$)도 drain지역에서 커짐을 예상할 수 있어 E-field 크기를 줄이기 위한 방법으로 n^+(or p^+)옆에 n^-(or p^-)을 삽입하여 E-field크기를 낮출 수 있다. 우리는 이 삽입한 n^-(or p^-)를 LDD(Lightly Doped Drain)라 한다(Chapter 3에서 자세히 다룬다).

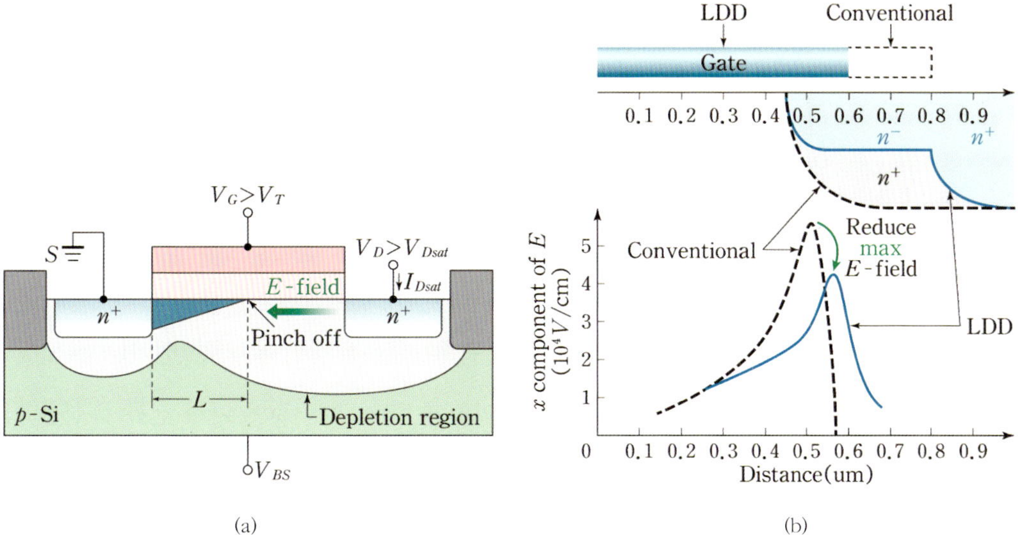

그림 2-8 MOSFET drain 지역에 발생하는 E-field와 LDD를 이용하여 E-field의 크기를 줄이는 방법

앞으로 E-field가 커져서 Breakdown 즉 소자가 터지는 현상도 배울 것이다.

self Q&A

1 반도체 기업에서는 p-n 접합을 어떤 공정을 통해 구현하나?

2 p-n 접합을 에너지 밴드 그림으로 그려보아라. p, n지역의 도핑의 농도를 높고 낮게 바꾸면 p-n 접합 에너지 밴드 그림에서 어떤 변화가 보이는가?

3 p-n 접합시 확산이 일어나는데 확산이 무한정 일어나지 않고 막아주는 요인에 대해서 설명하라.

4 p-n 접합에서 E-field 크기를 결정하는 요소가 무엇인지 설명하라.

2-4 p-n 다이오드 동작 원리 개념 잡기

p-n 접합을 배웠으니 이제 p-n 다이오드를 배워보자. p-n 접합에 외부 전압($V_a > 0\text{V}$, $V_a < 0\text{V}$)를 기했을 때 에너지 밴드갭 그림이 어떻게 바뀌고 그 것에 따라 전류 특성은 어떻게 표현이 되는지 알아보자.

가장 먼저 p-n 다이오드에 $V_a = 0\text{V}$ 인 상태부터 알아보자. 외부 전압을 가하지 않은 상태이다.

p-n 접합을 하자마자 각 지역 캐리어들의 확산이 일어나고 그리고 남겨진 각 지역의 이온들에 의해 E-field 세기가 점점 커지면서 더 이상의 확산을 막아주고 있다고 지금까지 배웠다. 좀 더 자세히 p-n 다이오드의 에너지 밴드그림 입장에서 살펴보자.

먼저 E-field의 방향을 한번 살펴보자. E-field의 방향은 n지역 공핍층(양이온)에서 p지역 공핍층(음이온)이다(그림 2-9(b) 그림 참조).

다음 p지역의 전자를 한번 보자. p지역의 majority carrier는 홀이고 minority carrier는 전자이다. $n_0 p_0 = n_i^2$ 공식으로 minority carrier(전자) 농도를 알 수 있다. 그리고 $T = 300\text{K}$(실온) 상태이므로 p지역의 아주 극소수 전자들이 페르미-디락 분포에 따라 Conduction band 위로 올라간다. 우리는 이런 경우를 **Thermally excited carrier 또는 Thermally generated carrier** 라고 부른다. **대부분 Thermally excited carrier들은 Valence band로 결국 recombination 되지만 하필 p지역에서 depletion 영역 끝 경계에 걸려있는 thermally excited 캐리어들은 depletion**

지역에 생긴 E-field (방향은 오른쪽에서 왼쪽, 즉 전자입장에서 바로 빨려 들어가는 방향)에 의해 오른쪽 depletion지역(양이온지역)으로 넘어 들어간다(그림 2-9에서 $J_{n(drift)}$로 그려진 몇 개의 전자들). E-field에 의해 전자가 움직였기 때문에 drift current에 해당하고 $J_{n(drift)}$로 표시한다(공핍층 내 에너지 밴드갭이 기울어진 것만봐도 Drift current가 흐르는 것을 예측할 수 있다). 여기까지 설명을 정리하면 열평형 상태(T= 300K)에서 drift current가 흐른다는 뜻이다. **이런 현상은 에너지 밴드갭 그림을 그려보지 않고서는 어떻게 전자와 홀이 움직이는지 도저히 상상이 가지 않는다.** 그만큼 반도체 해석은 에너지 밴드갭 해석이다라고 해도 과언이 아니다.

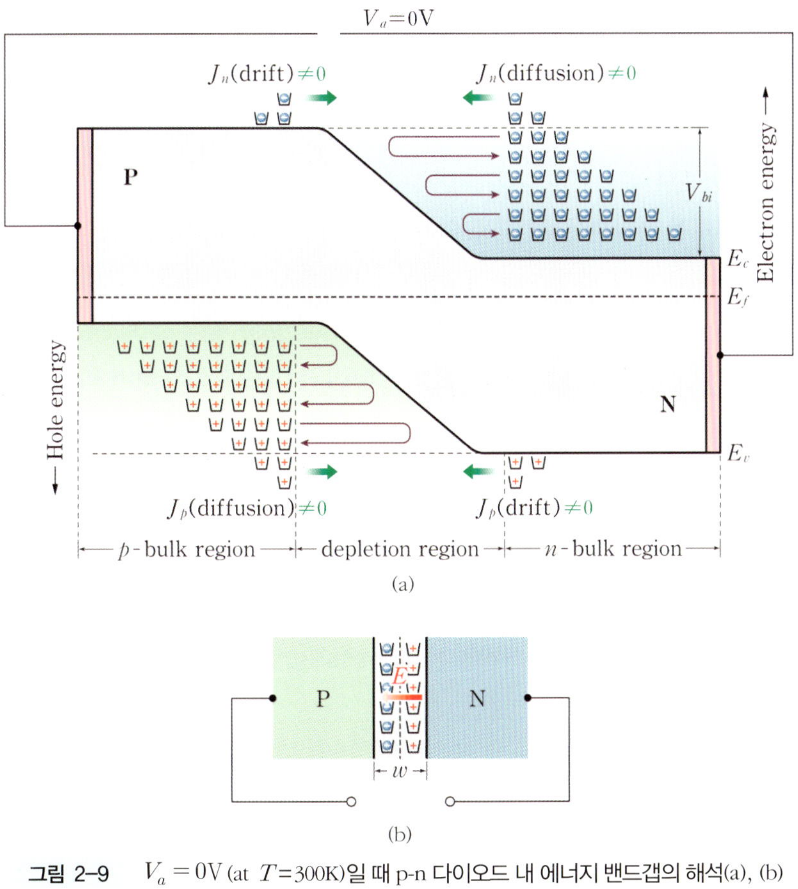

그림 2-9 V_a = 0V (at T=300K)일 때 p-n 다이오드 내 에너지 밴드갭의 해석(a), (b)

그럼 이제 n지역의 전자를 한번 보자.

Donor level의 전자들은 $T=300$K에서 모두 Conduction band로 올라간다. 지금까지 올라간다고만 했지 정확하게는 이 전자들도 페르미-디락 분포에 따라 Conduction band 위에서도 에너지 준위가 낮은 쪽에 전자들이 대부분 분포하고 극소수 전자들은 Conduction band 위의 에너지 준위가 높은 쪽으로도 분포한다(페르미 레벨을 중심으로 페르미-디락 분포 곡선을 그려보면 알 수 있다). n지역에서는 majority carrier가 전자이기 때문에 p-n 접합시 전자들은 p지역 확산으로 n지역 depletion영역(양이온)이 형성되고 Built-in voltage(V_{bi})가 생기면서 에너지 장벽이 생겼다. 대부분 n지역의 전자들은 확산을 시도하지만 이 Built-in voltage(or Built-in potential) 장벽에 막혀 확산이 되지 않는다(그림 2-9(b)로 해석하면 E-field 방향이 n지역 전자의 확산을 막아준다. V_{bi}와 E-field는 같은 개념이다 $E = V_{bi}/\mathrm{W}$). 하지만 페르미-디락 분포에 따라 확률적으로 아주 높은 에너지준위 특히 Built-in voltage (V_{bi}) 에너지 준위를 넘는 전자들은 원래대로 확산이 이루어진다. 아주 아주 높은 에너지준위에 해당하는 전자들이기 때문에 극소수이다. 우리는 이런 확산에 의해 전자가 움직이기 때문에 확산 전류 $J_{n(diff)}$으로 표기한다.

그런데 $J_{n(drift)}$와 $J_{n(diff)}$의 방향은 서로 반대 방향이기 때문에 상쇄되어 최종 외부적으로 흐르는 전류는 없다.

Valence band에 존재하는 홀들도 $J_{p(drift)}$, $J_{p(diff)}$ 같은 방식으로 해석하면 된다.

외부에 전압으로 주지 않았으므로 p-n 다이오드에 전류가 흐르지 않는 것은 당연하다. 만약 외부 전압을 주지 않았는데 p-n 다이오드에 Diffusion 또는 Drift에 의해 전류가 흐른다면 획기적인 발명이 될 것이다.

겉으로는 아무런 전류가 흐르지 않지만 내부적으로 특히 에너지 밴드갭적으로는 지속적으로 $J_{n(diff)}$과 $J_{n(drift)}$가 흐르고 있다. 단 두 전류의 방향이 서로 반대 방향이라 상쇄되어 겉으로

는 아무런 전류가 흐르지 않는 것처럼 보일뿐이다. 놀랍지 않은가? 에너지 밴드갭으로 해석을 해보니까? (그림 2-9(b) 그림만 가지고는 위와 같은 설명이 불가능하다)

정리하면 다음과 같다.

$$J_{n(diff.)} = -J_{n(drift)} \qquad J_{p(diff.)} = -J_{p(drift)}$$

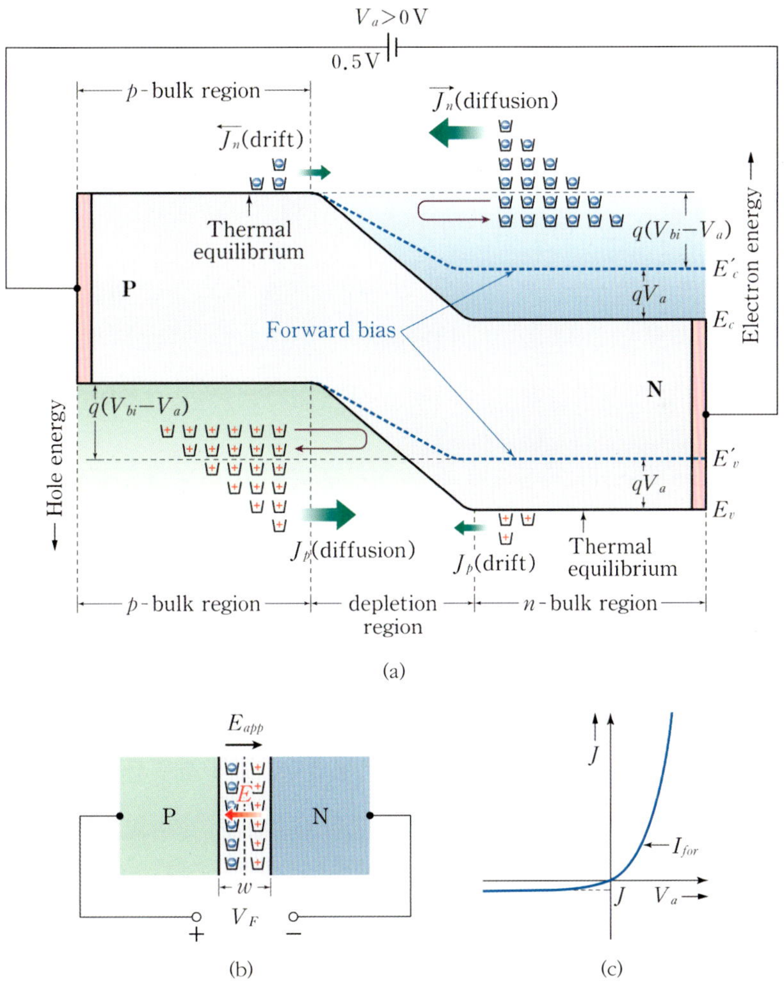

그림 2-10 $V_a > 0V$ (at T = 300K)일 때 p-n 다이오드 내 에너지 밴드갭의 해석(a), (b), (c)

다음은 $V_a > 0\text{V}$ (Forward bias)를 가해보자. 즉 p지역에 +전압을 가하고 n지역에 ground를 잡았다.

외부에서 전압을 가했기 때문에 p-n 다이오드 어딘가에서 전압강하가 일어나야 한다. 위 그림에서는 +0.5V를 가했는데 0.5V의 전압강하 100%는 공핍층(Depletion region, Space charge region)에서 일어난다. 왜냐하면 공핍층에 존재했던 전자들과 홀들이(전도도에 기여) 확산에 의해 반대 지역으로 넘어가 재결합되어 없어져 버리면서, 공핍층의 전도도가 떨어진다. 다시 말하면 저항성이 커진다. 따라서 저항 성분이 가장 큰 공핍층에서 모든 전압강하가 일어난다. 저자는 학부시절, 반도체 공학을 배울 때 전압강하가 왜 공핍층 이외 p지역, n지역의 neutral지역에서는 전압강하가 일어나지 않지 하고 의문을 가진 적이 있다. 엄밀히 말하면 neutral지역에서 아주 약간의 전압강하가 일어나는 것은 사실이다(neutral지역도 저항 성분이 없는 것은 아니다). 하지만 반도체공학을 입문 하는 학생이라면 이런 것은 무시해도 좋다. 외부 전압강하는 가장 저항 성분이 큰 공핍층에서 모두 일어난다고 해도 반도체 공학을 공부하는 학생입장에서는 아무 문제가 없다는 것을 강조한다.

자, 외부 바이어스(+0.5V)를 가했으니 각 지역별로 에너지 밴드갭을 분석해보자.

그림처럼 외부 바이어스 $V_a = +0.5\text{V}$를 가하게 되면 p-n 다이오드 어디선가 0.5V 전압강하가 일어나야 한다. 앞 섹션에서 배운 것처럼 0.5V의 전압강하는 공핍층에서 모두 일어난다.

공핍층에서는 $V_a = 0\text{V}$시 전자와 홀들의 확산으로 남겨진 이온들에 의해(공핍층 형성) 이미 built-in voltage(or potential)이라는 전압 장벽이 생겼다. Si의 경우 Built-in voltage(V_{bi}, 전압장벽)의 값은 0.7V이다. 여기에 0.5V의 전압 강하가 추가되어야 한다.

p지역에 + 0.5V전압이 걸려있으므로 p지역의 에너지 준위를 0.5V만큼 낮추든지 아니면 n지역의 에너지 준위를 0.5V만큼 높여주면 된다. +전압에 전자의 에너지 준위를 낮추고, −전압에 전자의 에너지 준위를 높이는 것과 같은 이유이다(그림 2-10 참조).

외부 전압에 의해 밴드갭의 에너지 준위(Conduction band, Valence band)가 기울어지는 것은 Chapter 1의 Drift current에서 설명이 되었다.

p-n 접합하면 바로 V_{bi}가 형성되고 $V_a = +0.5V$ 인가 후 n지역에 0.5V만큼 전자의 에너지 준위가 높아져 $V_{bi} - V_a$(0.7V-0.5V)로 최종 V_{bi}(Built-in voltage)가 낮아지게 된다(0.2V). 이렇게 되면 그동안 n지역의 $V_a = 0V$ 에서 V_{bi}(built-in voltage)보다 낮은 준위에 있는 전자들은 에너지 장벽($V_{bi} = 0.7V$)에 막혀서 p지역으로 확산이 안 되었는데 0.5V만큼 에너지 장벽이 낮아지면($0.7-0.5=0.2V$) n지역 Conduction band위에 상당히 많은 양의 전자들이 p지역으로 확산이 가능해지는 것을 예상할 수 있다(그림 2-10에서 $J_{n(diff)}$아래 굵은 화살표(전자들의 확산방향) 참조).

한편 p지역 neutral 끝과 공핍층 경계에 있는 전자들(Thermally excited 전자들)은 공핍층에 생긴 E-field에 의해 $J_{n(drift)}$가 여전히 발생하고 $V_a = 0V$ 일 때와 동일한 양만큼 흐른다(그림 2-10에서 $J_{n(drift)}$ 아래 굵은 화살표(전자들의 drift 방향) 참조).

$V_a = 0V$ 일 때는 $J_{n(drift)} = J_{n(diff)}$이 되고 전류의 방향이 서로 반대 방향이라 상쇄되어 최종 전류(J_{tot})는 흐르지 않지만 $V_a > 0V$ 일 때는 $J_{n(drift)} << J_{n(diff)}$이 되어 드디어 외부적으로도 전류($J_{\text{for}}$)가 흐르게 된다(그림 2-10(c) 참조).

홀에 대해서도 같은 메커니즘으로 해석하여

$$J_{h(drift)} << J_{h(diff)}$$

J_n: 전자로 인한 전류 밀도 J_h: 홀에 의한 전류 밀도

이 된다.

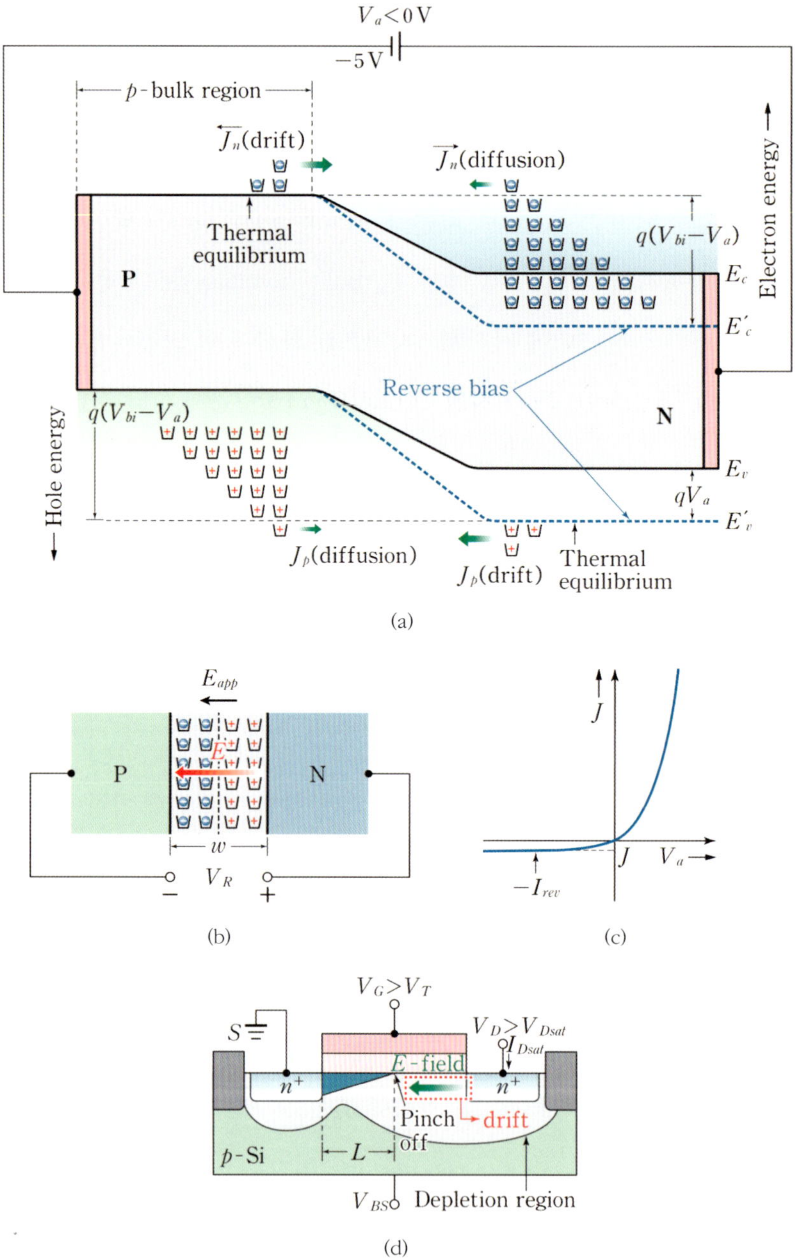

그림 2-11 $V_a < 0\text{V}$ (at T=300K)일 때 p-n 다이오드 내 에너지 밴드갭의 해석(a), (b), (c), (d)

$$J_{\text{for}} = J_n + J_h$$

J_{for} : forward 방향의 전류밀도(I_{for} : forward 방향의 전류)

다음은 $V_a < 0\text{V}$ (Reverse bias)를 가해보자. 즉 n지역에 +전압을 가하고 p지역에 ground를 잡았다.

외부에서 전압을 가했기 때문에 p-n 다이오드 어딘가에서 전압강하가 일어나야 한다. 위 그림에서는 $V_a = -5\text{V}$를 가했는데 -5V의 전압 강하도 $V_a > 0\text{V}$ 에서와 같이 100% 공핍층(Depletion region, Space charge region)에서 일어난다.

그림에서처럼 $V_a = -5\text{V}$라는 의미는 역바이어스라는 의미로 n지역에 +5V를 가한 것과 같다. 즉, $V_a > 0\text{V}$ (순바이어스) 즉 p지역에 +0.5V를 가한 경우와 반대 경우이다.

독자 중에 혹시 왜 $V_a > 0\text{V}$ 일 경우 +0.5V를 가하고 $V_a < 0\text{V}$ 일 경우 −5V를 가하는지 물어볼 수 있다. $V_a > 0\text{V}$ 일 경우 만약에 p지역에 +5V를 가하면 Built-in voltage 0.7V를 훨씬 넘는 전압으로(0.7V−5V) 전자의 확산이 걷잡을 수 없을 만큼 커지며 +5V를 가한 순간 다이오드는 과전류가 흐르면서 터져 버리게 된다.

못 믿겠다면 아래 식에 $V_a = +5\text{V}$ 를 대입해서 풀어보면 알 수 있다(exponential 함수에 포함되었다는 의미는 아주 조금의 input 변화(V_a)에도 어마어마하게 큰 결과(J)가 나온다는 뜻).

$$J = J_p(x_n) + J_n(-x_p) = J_s\left[\exp\left(\frac{qV_a}{kT}\right) - 1\right]$$

n지역에 +5V를 가한 것은 n지역의 전자의 에너지 준위를 5V(정확히 말하면 5eV)만큼 더 낮추게 되어 기존에 존재했던 Built-in voltage(V_{bi})에 5V를 더해서($V_{bi} + V_a = 0.7 + 5 = 5.7\text{V}$) 최종 Built-in voltage(potential)는 더 커지게 된다. 즉 에너지 계곡(장벽)의 깊이가 더

깊어지는 효과를 가져온다.

$J_{n(diff)}$을 한번 살펴보자.

$V_a = 0\text{V}$일 때, n지역에서 페르미-디락 분포에따라 극소수의 전자가 $V_{bi} = 0.7\text{V}$를 넘어 $J_{n(diff)}$만큼 n지역에서 p지역으로 흘렀는데 $V_a = -5\text{V}$일 경우에는 $V_{bi} = 5.7\text{V}$가 되어 $J_{n(diff)}$은 없다고 봐도 무방하다(그림 2-11(a)에서 $J_{n(diff)}$아래 굵은 화살표 참조).

한편 p지역에서 minority carrier인 소수의 전자는 $V_a = 0\text{V}$에서와 같은 현상으로 thermally excited되어 Conduction band로 올라가고 공핍층 근처의 전자들은 E-field에 의해 n지역으로 넘어간다($J_{n(drift)}$). (그림 2-11(a)에서 $J_{n(drift)}$아래 굵은 화살표 참조)

따라서 $J_{n(drift)} > J_{n(diff)}$으로 $V_a = 0\text{V}$에서는 $J_{n(drift)}$와 $J_{n(diff)}$의 균형이 깨지면서 $J_{n(drift)}$에 의한 전류만 외부적으로 나오게 된다. (그림 2-11(c) 참고)

이것을 우리는 누설전류(leakage current) $= -I_{rev}$라 한다.

즉 $J_{n(drift)} = -I_{rev}$라 할 수 있다. $-I_{rev}$는 수pA 정도의 아주 적은 전류 양이다.

Quiz

그런데 왜 $-I_{rev}$는 역전압($V_a < 0\text{V}$)이 커져도 커지지 않고 일정하게 흐르는 것처럼 보일까?

답 $J_{drift} = q(n\mu_e + p\mu_h)E = \sigma E$에서 E-field의 값이 커져도 T=300K에서 thermally excited된 전자의 수는 같기 때문에 전류로 표현되는 것은 약 수 pA정도 밖에 되지 않을 정도로 전자의 수는 작다. E-field가 2배, 3배 커져도 전자의 수가 극히 작아서 수 pA에서 최고 수십 pA 정도로 밖에 변하지 않는다. 만약 T=1,000K로 올린다면 높은 온도 에너지로 인해 thermally excited된 전자의 수가 급증하게 되고 누설전류도 증가하게 된다. 따라서 leakage current ($-I_{rev}$)크기 조절은 온도에 따라 바뀔 수 있다.

위 식에서 역전압을 훨씬 더 올릴 경우(Avalanche breakdown)는 차후 배울 것이다.

위와 같이 p-n 다이오드에 역바이어스가 걸린 현상은 앞으로 MOSFET 동작원리에서도 적용이 된다.

그림 2-11(d)에서 처럼 Drain에 ＋전압을 키워 MOSFET의 전류를 일으키는데 Drain contact (n^+)에 ＋전압이 커질수록 마치 p-n 다이오드의 역바이어스 상황(n지역에 ＋전압이 가해짐)과 일치한다.

이 부분은 다음 MOSFET에서 자세히 설명하겠다. 그만큼 p-n 다이오드에서 역바이어스가 중요하다는 것을 강조하고 싶다.

여기서 한가지 질문이 있을 수 있다.

$V_a > 0V$ 에서 n지역의 전자가 p지역으로 p지역 홀이 n지역으로 확산되면 어떻게 되나?

p-n접합시 $V_a = 0V$ 에서 각 majority carrier인 **전자와 홀이 확산**하면서 동시에 **공핍층이 점점 확대되며 E-field의 세기도 증가**하고 그 **E-field가 majority carrier의 확산을 막는다**고 배웠다. 그리고 **majority carrier인 전자와 홀이 확산하면서 상대방 지역에 넘어가면 바로 재결합(recombination)되어 사라진다고 배웠다**.

왜냐하면 n지역의 전자가 $V_a = 0V$ 에서 확산에 의해 p지역으로 넘어가자 마자 p지역의 majority carrier인 홀과 바로 재결합되어 사라진다(또한 p지역의 홀이 $V_a = 0V$ 에서 확산에 의해 n지역으로 넘어가자 마자 n지역의 majority carrier인 전자와 바로 재결합되어 사라진다).

하지만 $V_a > 0V$ 에서는 전자가 p지역에서 재결합해 사라지지 않고 전자의 끊임없는 확산을 통해 전류(J)로 표현되는 것을 볼 수 있다. **그럼 $V_a > 0$에서는 전자의 재결합이 일어나지**

않는 것인가? 아니다 재결합이 일어난다. 하지만 $V_a > 0\text{V}$ 에서는 낮춰진 전위 장벽(0.7V－0.5V＝0.2V)으로 인해 p지역으로 확산해 넘어가는 전자의 수가 어머 어마하게 많기 때문에 그 중 일부 전자들만 p지역에서 재결합이 일어나고 나머지는 전류(J)로 흐르게 된다.

$V_a > 0\text{V}$ 에서 전류는

$$J = J_p(x_n) + J_n(-x_p) = J_s\left[\exp\left(\frac{qV_a}{kT}\right) - 1\right]$$

위 식에서 보듯이 외부 전압 V_a값에 exponential하게 증가한다. 물리적 의미는 아주 작은 V_a 변동에서도 exponential하게 다시 말해 큰 전류(J)로 나타난다는 뜻이다.

2-5 공핍층의 폭(W: width)은 외부 전압(V_a>0V, V_a<0V)에 따라 왜 변하지? 물리적 의미는?

지금까지 p-n 접합을 통해 공핍층이 생기고 V_{bi}(built-in voltage)이 형성되는 것을 배웠다.

그럼 외부 전압에 따라 공핍층의 폭이 왜 달라질까? 이것을 이해하고 넘어 간다면 그림 2-12와 같이 Chapter 3에서 배우는 nMOS에서 Drain에 걸리는 positive전압($+V_{ds}$)에 의해 공핍층이 달라지면서 전류도 일정하게 흐르는(at Saturation region) 원리도 이해할 수 있다.

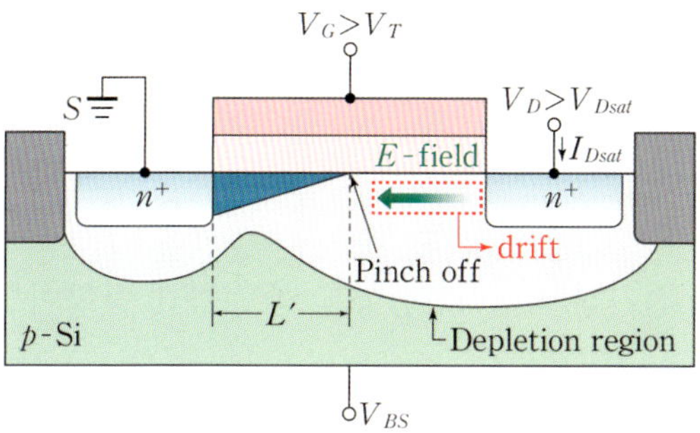

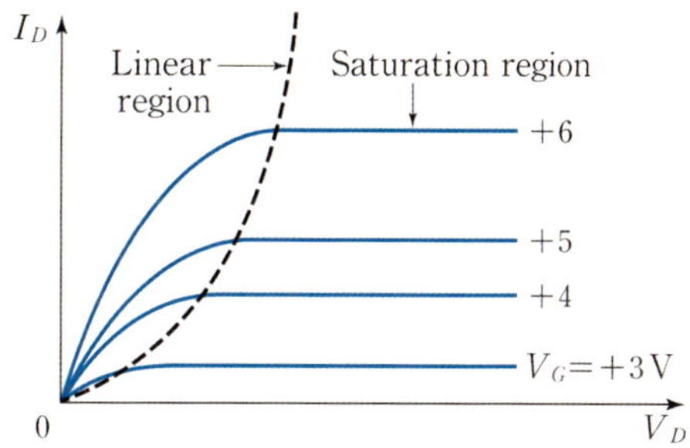

그림 2-12 nMOS에서 역바이어스($+V_{ds}$)에 의한 공핍층 폭이 증가하면서 전류(I_{ds})도 일정하게 흐른다(at Saturation 영역).

공핍층의 폭(W)이 외부 바이어스에 따라 어떻게 변하는지 유도하는 식을 여기서는 알 필요는 없다. 최종 식에서 공핍층의 폭이 무엇에 변수인지 그리고 물리적으로 왜 그렇게 되지만 이해하고 넘어가자.

외부 전압: $V_a > 0\text{V}$를 V_F라 하고 공핍층 관계식은

$$W = \left[\frac{2\epsilon_s (V_{bi} - V_F)}{q} \left(\frac{N_a + N_d}{N_a N_d} \right) \right]^{1/2}$$

위 식에서 공핍층의 폭(W)은 $V_a > 0\text{V} = V_F$가 걸렸을 때 줄어들고 p, n 지역의 도핑 농도가 높을수록 폭이 줄어드는 것을 알 수 있다.

$V_a > 0\text{V} = V_F$가 p-n 다이오드에서 걸린 싱황을 아래 그림 2-13에 표현하였다.

먼저 $V_a > 0\text{V}$일 때 생기는 공핍층은 n지역에 남겨진 +이온들과 p지역에 남겨진 −이온들이며 이들 이온들에 의해 전기장(E)이 생기고 그 방향은 그림 2-13(a)와 같이 오른쪽에서 왼쪽이다. 그런데 외부 바이어스 $V_a > 0\text{V} = V_F$가 걸리면 p지역에 + 바이어스 그리고 n지역에는 그라운드로 잡힌다. 외부 전압에 의한 전압 강하는 100% 공핍층에서 일어나는데 그 방향이 중요하다. p지역에 + 바이어스가 걸려서 외부전압에 의한 전기장의 방향은 왼쪽에서 오른쪽이 된다($E_{app} = V_F/\text{W}$)(그림 2-13(a)).

초기 걸려있는 전기장(E)과 외부 전압에 의한 전기장(E_{app})의 방향은 서로 반대 방향이므로 최종 전기장의 크기는 줄어들 수 밖에 없다.

또한 공핍층의 폭도 감소하는 것을 아래 그림에서 볼 수 있다.

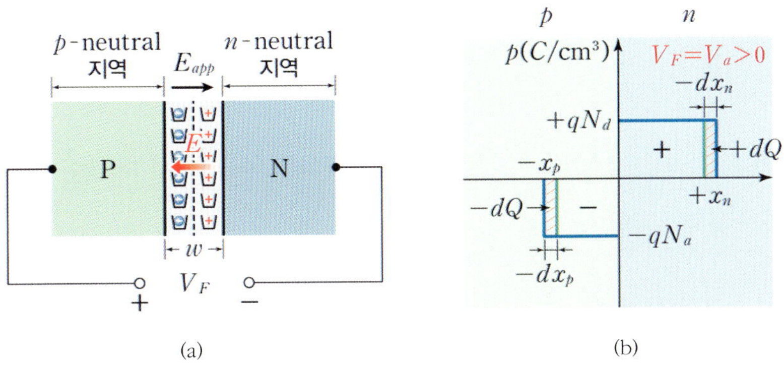

(a) (b)

그림 2-13 p-n 다이오드에 외부 전압 $V_a > 0\text{V}$ 이 걸렸을 때 전기장의 방향(a)과 공핍층 폭이 감소(b)

그럼 왜 $V_a > 0\text{V}$ 에서 공핍층이 줄어드는지 물리적으로 알아보자.

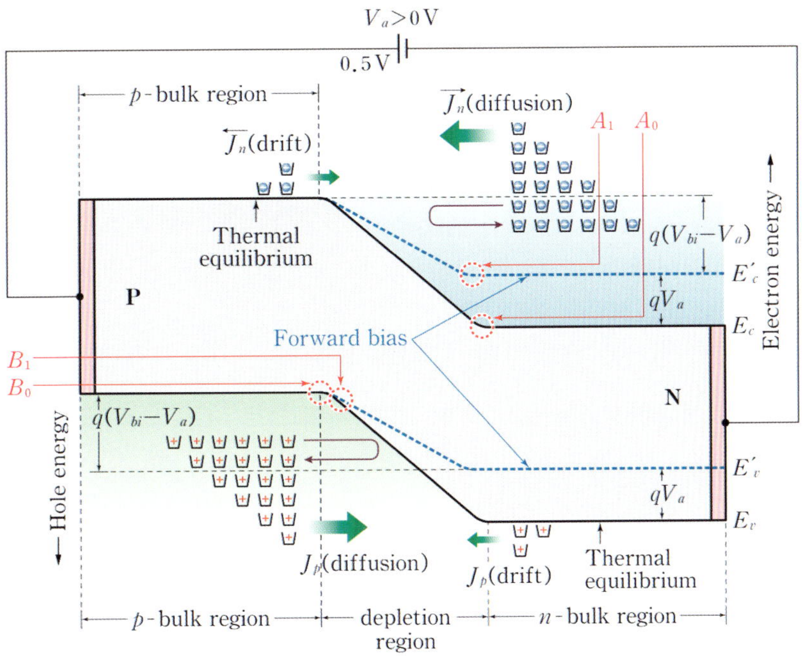

그림 2-14 $V_a > 0\text{V}$ (at $T=300\text{K}$)일 때 p-n 다이오드 내 에너지 밴드갭의 해석

그림 2-14처럼 $V_a > 0\text{V}$ 에서 n지역에서 공핍층의 끝과 n의 neutral지역(n-bulk지역)(A_0 지

점) 그리고 p지역에서 공핍층의 끝과 p의 neutral지역(p-bulk지역)(B_0 지점)을 자세히 한번 보자.

1. 외부 전압($V_a > 0V$)에 의해 V_{bi}값(에너지 장벽)이 낮아지면서 더 많은 전자와 더 많은 홀들의 확산을 볼 수 있다.
2. n지역 Conduction band의 n-neutral지역(n-bulk지역)과 공핍층 경계지역을 보면 낮아진 에너지 장벽($V_{bi} - V_a = 0.7 - 0.5 = 0.2V$)으로 인해 n지역에서 전자들이 공핍층을 거쳐 p지역으로 확산이 일어난다.
3. 전자들이 공핍층을 거치는 시작점(A_0 지점)에서 전자(−극성)들은 공핍층 이온(+이온)들과 재결합이 일어나면서 n-neutral지역(n-bulk지역)으로 바뀌고 공핍층은 A_1 지점으로 이동하면서 공핍층의 폭은 줄어들게 된다.
4. p지역 Valence band의 p-neutral지역(p-bulk지역)과 공핍층 경계지역을 보면 낮아진 에너지 장벽($V_{bi} - V_a = 0.7 - 0.5 = 0.2V$)으로 인해 p지역에서 홀들이 공핍층을 거쳐 n지역으로 확산이 일어난다.
5. 홀들이 공핍층을 거치는 시작점(B_0 지점)에서 홀(+극성)들은 공핍층 이온(−이온)들과 재결합이 일어나면서 p-neutral지역(p-bulk지역)으로 바뀌고 공핍층은 B_1 지점으로 이동하면서 공핍층의 폭은 줄어들게 된다.

다음은 외부 전압: $V_a < 0V$를 V_R라 하고 공핍층과의 관계식은

$$W = \left[\frac{2\varepsilon_s (V_{bi} + V_R)}{q} \left(\frac{N_a + N_d}{N_a N_d} \right) \right]^{1/2}$$

위 식에서 공핍층의 폭(W)은 $V_a < 0V = V_R$가 걸렸을 때 확장되고 p, n지역의 도핑 농도

가 높을수록 폭이 줄어드는 것을 알 수 있다.

$V_a < 0\text{V} = V_R$이 p-n 다이오드에서 걸린 상황을 아래 그림 2-15에 표현하였다.

먼저 $V_a = 0\text{V}$일 때 공핍층이 생기고 n지역에 남겨진 +이온들과 p지역에 남겨진 −이온에 의해 전기장(E)이 생기고 그 방향은 그림 2-15와 같이 n지역에서 p지역이다. 그런데 외부 바이어스 $V_a < 0\text{V} = V_R$가 걸리면 n지역에 + 바이어스 그리고 p지역에는 그라운드로 잡힌다. 외부 전압에 의한 전압 강하는 100% 공핍층에서 일어나는데 그 방향이 중요하다. n지역에 + 바이어스가 걸렸으므로 외부전압에 의한 전기장의 방향은 n지역에서 p지역이 된다. ($E_{app} = V_F / W$)

초기 걸려있는 전기장(E)와 외부 전압에 의한 전기장(E_{app})의 방향은 서로 같은 방향이므로 최종 전기장의 크기는 더욱 더 증가할 수 밖에 없다.

또한 공핍층의 폭도 확장되는 것을 아래 그림에서 볼 수 있다.

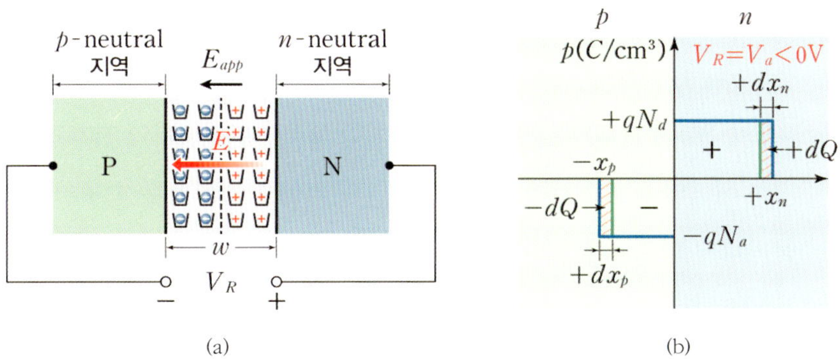

그림 2-15 p-n 다이오드에 외부 전압 $V_a < 0\text{V}$이 걸렸을 때 전기장의 방향(a)과 공핍층 폭이 확장(b)

그럼 왜 $V_a < 0\text{V}$에서 공핍층이 확장되는지 물리적으로 알아보자.

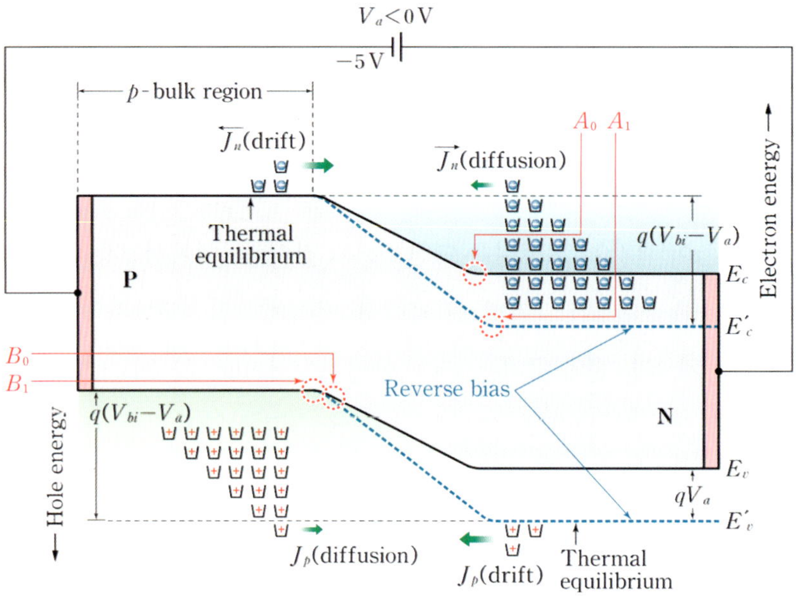

그림 2-16 $V_a < 0\text{V}$ (at $T=300\text{K}$)일 때 p-n 다이오드 내 에너지 밴드갭의 해석

그림 2-16처럼 $V_a < 0\text{V}$ 에서 n지역에서 공핍층의 끝과 n의 neutral지역(n-bulk지역)(A_0 지점) 그리고 p지역에서 공핍층의 끝과 p의 neutral지역(p-bulk지역)(B_0 지점)을 자세히 한번 보자.

1. 외부 전압($V_a < 0\text{V}$)에 의해 V_{bi}값(에너지 장벽)이 높아지면서 n지역 전자와 p지역의 홀들은 확산이 더 어려워지고 오히려 n지역에 걸린 +전압으로 전자들이 +전압이 걸린 단자 쪽으로 물러나게 되고 p지역의 홀들도 그라운드로 걸린 단자 쪽으로 물러나게 된다.

2. n지역 Conduction band의 n-neutral지역(n-bulk지역)과 공핍층 경계지역을 보면 n지역에 걸린 +전압으로 더 높아진 에너지 장벽($V_{bi}-V_a = 0.7+5 = 5.7\text{V}$)으로 인해 n지역에서 전자들이 물러나면서 공핍층이 좀 더 확장이 된다.

3. 전자들이 공핍층의 시작점(A_0 지점)에서 n지역의 +전압으로 물러나면서 공핍층 이온(+이온)들이 더 생기게 되고 공핍층은 A_1 지점으로 이동하면서 공핍층의 폭은 확장된다.

4. p지역 Valence band의 p-neutral지역(p-bulk지역)과 공핍층 경계지역을 보면 높아진 에너지 장벽($V_{bi} - V_a = 0.7 + 5 = 5.7V$)으로 인해 p지역에서 홀들이 물러나면서 공핍층이 좀 더 확장이 된다.

5. 홀들이 공핍층의 시작점(B_0 지점)에서 홀(+극성)들은 그라운드 전압으로 물러나면서 공핍층 이온(−이온)들은 더 생기게 되고 공핍층은 B_1 지점으로 이동하면서 공핍층의 폭은 확장된다.

정리

1. p-n다이오드에 $V_a > 0V$ 를 걸면 공핍층은 줄어든다. 왜냐하면 $V_a > 0$ 로 인해 에너지 장벽이 낮아지면서 n지역의 전자와 공핍층(+이온) 간의 재결합 그리고 p지역의 홀과 공핍층(−이온)간의 재결합으로 공핍층이 줄어들게 된다.
2. p-n다이오드에 $V_a < 0V$ 를 걸면 공핍층은 확장된다. 왜냐하면 $V_a < 0$ 로 인해 에너지 장벽이 높아지면서 n지역의 전자가 +전압 단자쪽으로 물러나면서 공핍층(+이온)이 더 늘어나고 그리고 p지역의 홀이 그라운드 단자쪽으로 물러나면서 공핍층(−이온)이 더 늘어나면서 공핍층이 확장된다.

동영상 링크 : https://www.youtube.com/watch?v=-zcXeZmExVo&t=475s
유튜브 검색 키워드 : 공핍층(Depletion region)이야기 (1), 앤디솔

위 동영상은 (1)편이지만 (7)편까지 연결되어 있으니 끝까지 시청해보시기 바란다.

self Q&A

1 공핍층의 저항이 neutral 지역보다 큰 이유를 설명하라.

2 $T = 300$K의 열평형상태에서 p-n 접합 후 diffusion전류와 drift전류는 내부적으로 존재하는가? 이유는?

3 외부 전압에 의해 공핍층의 폭이 변하는 이유를 설명하라.

2-6 쇼트키(Schottky) Contact와 오믹(Ohmic) Contact 차이점 쉽게 이해하는 법

Metal-Semiconductor contact 이해편

반도체공학을 공부하는 많은 학생들이 Schottky contact과 Ohmic contact을 어려워하는 경우를 많이 보았다. 이것은 p-n 접합을 정확하게 이해하지 못했기 때문이라고 생각한다.

한마디로 Schottky contact와 Ohmic contact는 p-n 접합에서 p-type이나 n-type 중에 하나를 metal로 대체된 것이다.

예를 들어 metal-p형 반도체에서 metal이 n형 반도체역할을 하고, metal-n형 반도체에서 metal이 p형 반도체 역할을 한다면 p-n 다이오드처럼 한쪽만 전류를 흘리게 될 것이고 ⇒ Schottky contact

반면 **metal-p형 반도체에서 metal이 n형 반도체역할이 아닌 p^+처럼 역할을 하거나, metal-n형 반도체에서 metal이 p형 반도체 역할을 하지 못하고 n^+처럼 역할을 하면 p-n 다이오드 특성을 나타내지 못하고 하나의 저항체로 보이게 될 것이다. ⇒ Ohmic contact**

자! 앞에 배운 p-n 접합과 Schottky contact을 한번 비교해 보자.

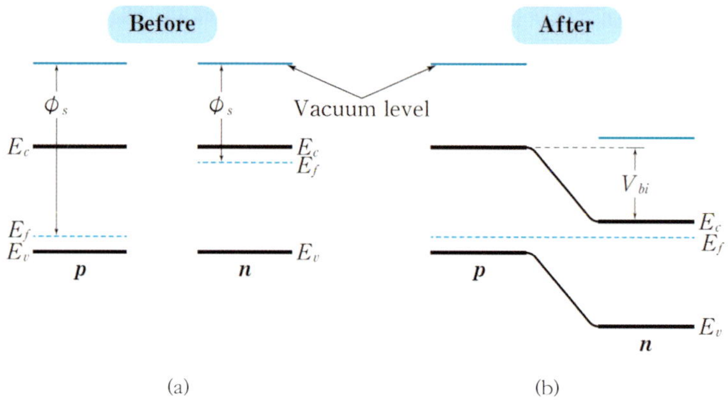

그림 2-17 p-n 접합 전(a)과 후(b)

그림 2-17에서 Φ_s는 work function(일함수)라고 해서 Vacuum level에서 fermi level까지의 값이다. 물리적 의미는 fermi level에 존재하는 전자를 진공 밖 즉 자유 전자로 만드는데 필요한 에너지이다.

각 원자에 따라 원자핵이 최외각전자를 끌어 당기는 힘이 다르므로 물질(반도체, 금속, 절연체)마다 work function 값(Φ_s)은 다를 수 밖에 없다.

p-n 접합을 다시 한번 정리하면 페르미 레벨의 에너지 준위가 높은 반도체 즉 n-형 반도체와 페르미 레벨의 에너지 준위가 상대적으로 낮은 반도체 즉 p-형 반도체가 만났을 때 각 majority 캐리어의 확산으로 위 그림과 같이 자연스럽게 built-in voltage(V_{bi})를 형성하게 된다(그림 2-17).

만약 반도체-반도체 접합인 p-n 접합 대신 한쪽 반도체가 metal로 대체되면서 p-n 접합과 같은 역할을 한다면 p-n 접합이라 부르지 않고 Schottky contact이라 부른다.

Schottky 접합의 전기적 특성은 p-n 다이오드처럼 forward bias(+전압) 방향만 전류를 흘리고 reverse bias(−전압) 방향으로는 전류를 흘리지 못한다.

아래 그림처럼 metal이 p나 n으로 대체되었을 때 접합을 한번 보자.

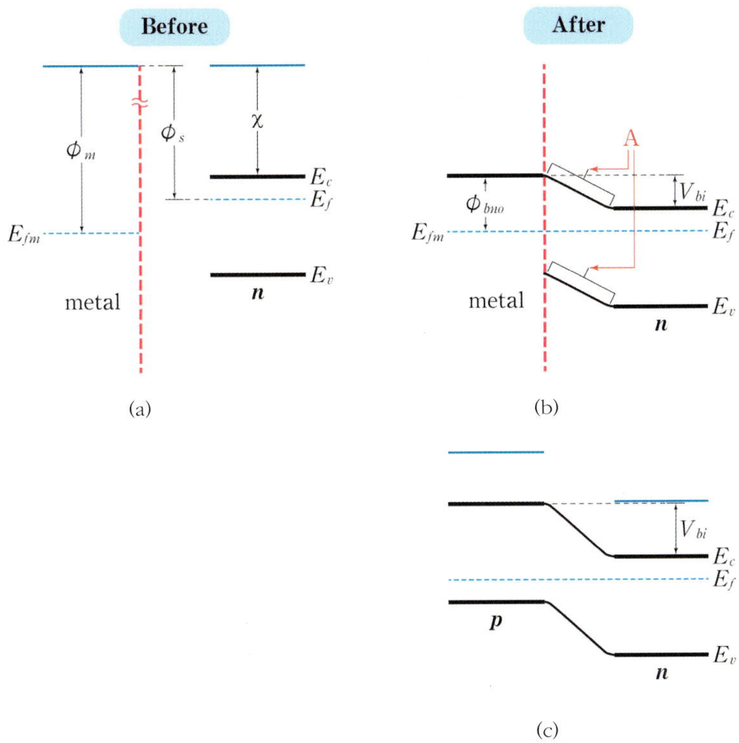

그림 2-18 metal-n형 반도체 접합 전(a)과 후(b), p-n 접합(c)

Schottky barrier

$$\phi_{bn0} = (\phi_m - \chi)$$

$$V_{bi} = (\phi_m - \phi_s)$$

그림 2-18은 metal과 n형 반도체의 접합이다. Metal의 페르미 레벨 준위가 n형 반도체의 페르미 레벨보다 훨씬 아래이다. Metal의 페르미 레벨로 봐서 p형 반도체와 유사하다. 마치 p-n 다이오드 접합처럼 보인다.

만약 metal과 반도체 접합이 헷갈리면 p-n 접합을 그림 2-18(c)처럼 먼저 그려보기 바란다.

Metal과 n형 반도체 접합 시(그림 2-18(a)), p-n 다이오드 접합처럼 먼저 페르미 레벨을 align 하고 나서(그림 2-18(b)), n형 반도체 Conduction band, Valence band를 그리고 n형 반도체 에너지 준위가 내려온 만큼 선(A)을 이이주면 된다(그림 2-18(b)).

Metal에 +전압 그리고 n형 반도체에 ground를 잡으면 n형 반도체의 에너지 준위가 올라가서 가한 전압만큼 $V_{bi}-V_a$가 되어 최종 built-in 장벽이 낮아져 n형 반도체 내 많은 전자가 metal쪽으로 이동하게 된다. 마치 p-n 다이오에서 p에 +전압(여기서는 metal) 그리고 n에 ground를 잡은 것과 정확히 같은 현상이 일어난다.

n형 반도체에 +전압 그리고 metal에 그라운드를 잡으면 n형 반도체의 에너지 준위가 낮아지면서 $V_{bi}+V_a$가 되어 최종 built-in 장벽이 깊어져서 n형 반도체 내 전자가 거의 metal로 못 넘어 간다. 마치 p-n다이오드에서 n형 반도체에 +전압을 걸어준 것과 동일하게 동작한다.

다음은 metal에 p형 반도체 접합이 일어난 경우를 보자.

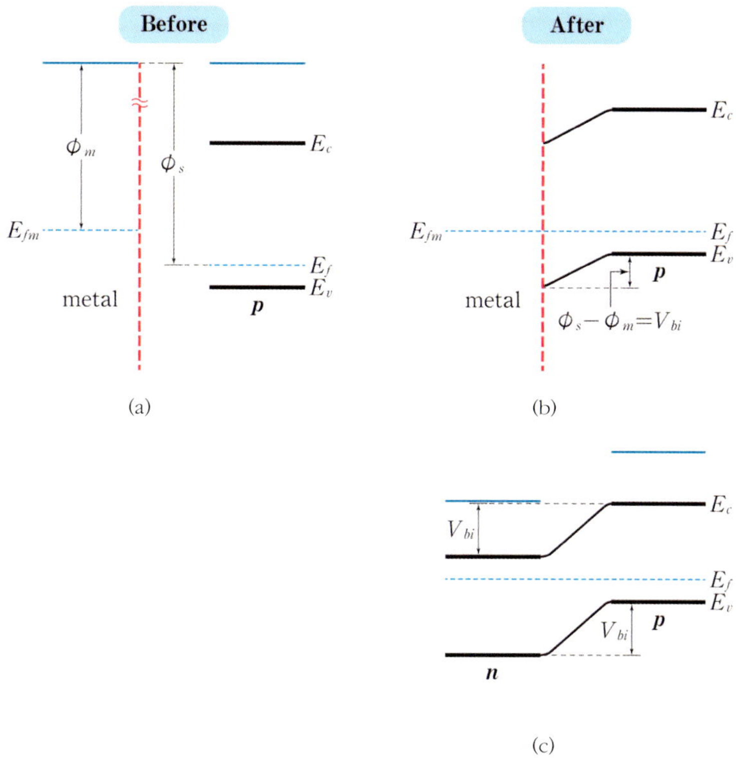

그림 2-19 metal-p형 반도체 접합 전(a)과 후(b), p-n접합(c)

그림 2-19는 metal과 p형 반도체의 접합이다. Metal의 페르미 레벨 준위가 p형 반도체의 페르미 레벨보다 훨씬 위에 있다. Metal의 페르미 레벨로 봐서 n형 반도체와 유사하다. 마치 p-n 다이오드 접합처럼 보인다.

만약 metal과 반도체 접합이 헷갈리면 n-p 접합을 먼저 그려보기 바란다(그림 2-19(c)).

Metal과 p형 반도체 접합시 p-n 다이오드 접합처럼 먼저 페르미 레벨을 align하고 나서(그림 2-19(b)), p형 반도체 Conduction band, Valence band를 그리고 p형 반도체 에너지 준위가 올라온 만큼 선을 서로 이어주면 된다.

p형 반도체에 +전압 그리고 metal에 ground를 잡으면 p형 반도체의 에너지 준위가 내려가서 가한 전압만큼 $V_{bi}-V_a$가 되어 최종 built-in 장벽이 낮아져($V_{bi}-V_a$) metal 내 많은 전자가 p형 반도체쪽으로 이동하게 된다. 마치 p-n 다이오에서 p에 +전압 그리고 n에 ground(여기서는 metal)를 잡은 것과 정확히 같은 현상이 일어난다.

metal에 +전압 그리고 p형 반도체에 그라운드를 잡으면 metal의 에너지 준위가 낮아지면서 $V_{bi}+V_a$가 되어 최종 built-in 장벽이 깊어져서($V_{bi}+V_a$) metal 내 전자가 거의 p형 반도체로 못 넘어간다.

다음은 Ohmic contact에 대해서 알아보자.

Ohmic contact은 Schottky contact과 달리 양방향으로 전류를 잘 흘리는 contact로 마치 저항 성분처럼 보인다. Schottky contact은 마치 p-n 접합처럼 동작했지만 ohmic contact은 n-n^+ 또는 p-p^+접합처럼 하나의 저항과 같이 동작한다.

아래 그림을 보자. Schottky contact와 Ohmic contact를 비교해 보았다.

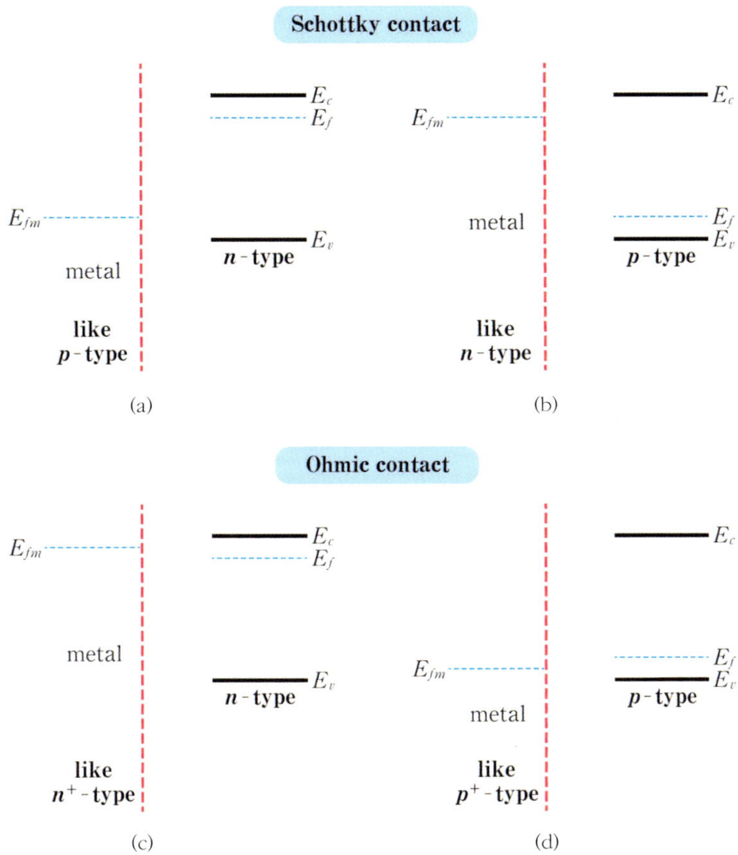

그림 2-20 Schottky contact(a), (b)과 Ohmic contact(c), (d)의 비교

그림 2-20(a), (b)는 metal-반도체 접합이 p-n 접합처럼 보이지만 그림 2-20(c), (d)의 경우는 n형 반도체에 n^+형 같은 아주 높은 페르미 준위를 가진 metal이 접합되어 있고 p형 반도체에 p^+와 같은 아주 낮은 페르미 준위를 가진 metal이 접합되어 있다.

마치 n-n^+ contact과 p-p^+ contact처럼 보인다. 이럴 경우 어느 쪽에 + 바이어스를 가하든 전류는 양방향으로 잘 통하게 된다. 이것을 우리는 마치 저항처럼 보인다고 해서 Ohmic contact이라 부른다.

정리 Metal-반도체 contact은 2종류가 있으며 **Schottky contact**(p-n 다이오드 구조와 유사하고 전기적 특성은 p-n다이오드와 같음)과 **Ohmic contact**(n-n^+ 또는 p-p^+ 구조처럼 보이며 전기적 특성은 저항성을 나타내며 양방향으로 전류가 통한다). Schottky contact은 n형 반도체와 접합하는 metal의 경우 metal의 work function 값이 커서 마치 p-type처럼 보이며 p형 반도체와 접합하는 metal의 경우 metal의 work function 값이 작아서 마치 n-type처럼 보인다. 반면 Ohmic contact은 n형 반도체와 접합하는 metal의 경우 metal의 work function이 n형 반도체 보다 작아서 마치 n^+반도체처럼 보이며 p형 반도체와 접합하는 metal의 경우 metal의 work function이 p형 반도체보다 커서 마치 p^+반도체처럼 보인다. **(저자는 의도적으로 work function에 익숙해지라고 work function 값이 크다 또는 작다라고 설명하였다. Work function이 작은 것은 페르미 레벨 에너지 준위가 높다는 뜻과 같고 work function이 크다는 것은 페르미 레벨 에너지 준위가 낮다는 뜻과 같은 말이다 그림 2-18(a)나 2-19(a) 그림에 나오는 work function 크기를 보면서 익숙해지길 바란다)**

self Q&A

1 Metal-반도체 접합(Contact)은 두 종류가 있다. 설명하라.

2 Schottky contact과 p-n 접합이 다른 점은 무엇인가?

2-7 Schottky contact로 Ohmic contact를 만드는 방법

앞에서 Schottky contact은 p-n 다이오드의 에너지 밴드갭 구조와 유사하고, 전기적 특성도 p-n다이오드처럼 한쪽으로만 전류가 흐른다고 했다. 그리고 Ohmic contact은 $n\text{-}n^+$ 또는 $p\text{-}p^+$의 contact구조와 같이 전체적으로 저항 성분처럼 보여서 양방향으로 전류가 잘 통하는 구조라고 설명하였다.

그런데 뜬금없이 p-n 다이오드 성능을 가지고 있는 Schottky contact(보통 Schottky 다이오드라고도 많이 부른다)를 양방향으로 전류가 잘 통하는 Ohmic contact처럼 만들 수 있다고??

Tip

여기서 schottky의 발음을 잠깐 집고 넘어가자. 국내에서는 보통 "쇼트키"라고 많이 발음을 하는데 미국에서는 "샤키"라고 주로 발음한다.

이것 또한 에너지 밴드갭으로 설명하면 이해가 될 것이다.

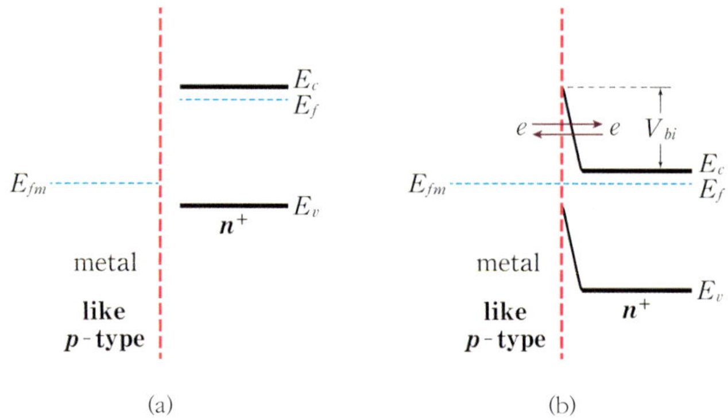

그림 2-21 Metal과 n^+형 반도체 contact 전(a)과 후(b)

그림 2-21은 앞에서 배운 metal-n형반도체로 이루어진 Schottky contact구조이다. Metal의 페르미 레벨이 마치 p형 반도체의 페르미 레벨처럼 에너지 준위가 n형 반도체 페르미 레벨보다 아래에 존재한다. 만약 이 metal의 페르미 레벨이 n형 반도체 페르미 레벨보다 위에 존재한다면 이건 Ohmic contact구조이다.

그런데 그림 2-21에서 한가지 다른 점은 n형 반도체가 n^+화 되어 있다는 점이다. 다시 말해 n형 도핑이 아주 높게 되어 있어 n형 반도체 페르미 레벨이 Conduction band 아주 가까이 존재하는 점이 다르다.

아무튼 metal과 n^+ 반도체를 접합해보자.

접합 후 그림 2-21(b)처럼 공핍층의 폭이 상당히 좁은 것으로 보인다.

공핍층에서 여러 번 강조했듯이 공핍층의 폭은 농도에 반비례한다고 배웠다. 즉 농도가 높으면 공핍층의 폭도 좁아진다. Metal은 전자의 농도가 $10^{22}cm^{-3}$ 이상 가지고 있고 홀은 아주 아주 극소수에 불과하다. 따라서 위 그림처럼 접합했을 때 n^+에서 전자를 metal로 넘겨주고 아주 좁은 폭의 공핍층을 가진다. 공핍층의 폭이 넓었을 때는 V_{bi} 만큼의 에너지 장벽(barrier, potential)을 넘어야 전자를 이동시킬 수 있는데 공핍층의 폭이 위와 같이 아주 좁을 때에는 V_{bi}만큼의 장벽을 가지기는 하지만 전자의 파동성으로 좁은 공핍층을 터널링 효과(Tunneling effect)로 그냥 쉽게 통과한다. 메탈쪽에서도 전자가 majority carrier이기 때문에 이 터널링 효과로 n^+ 반도체쪽으로 쉽게 보낼 수 있다. 참고로 전자가 터널링이 가능한 공핍층의 폭은 최대 300~400Å 정도이다. 그 이상의 폭에서는 터널링이 일어나지 못한다고 보면 된다.

우리가 Chapter 1에서 배운 물질파 즉 "모든 물질은 입자성과 파동성"을 모두 가지고 있다라는 정의를 여기서 써 먹는다. 반도체 공학에서 전자는 거의 99%정도 입자성으로 해석하면 해석이 잘된다. 그러나 아주 가끔 이렇게 전자의 터널링(Tunneling)을 설명할 때는 전자의 파동성으로 설명을 해야 한다.

이렇게 반도체 공학은 에너지 밴드갭으로 해석하는 것이 대부분이다.

다음은 Metal과 p^+반도체 접합을 살펴보자.

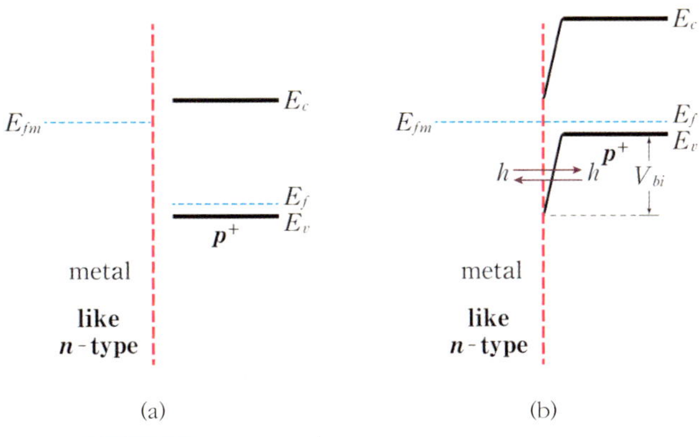

그림 2-22 Metal과 p^+형 반도체 contact 전(a)과 후(b)

그림 2-22는 앞에서 배운 Metal-p형 반도체로 이루어진 Schottky contact구조이다. Metal의 페르미 레벨이 마치 n형 반도체의 페르미 레벨처럼 에너지 준위가 p형 반도체 페르미 레벨

보다 위에 존재한다. 만약 이 metal의 페르미 레벨이 p형 반도체 페르미 레벨보다 아래에 존재한다면 이건 Ohmic contact 구조이다.

그런데 그림 2-22에서 한가지 다른 점은 p형 반도체가 p^+화 되어 있다. 다시 말해 p형 도핑이 아주 높게 되어 있어 p형 반도체 페르미 레벨이 Valence band 아주 가까이 존재하는 점이 다르다.

아무튼 Metal과 p^+ 반도체를 접합해보자.

접합 후 그림 2-22(b)처럼 공핍층의 폭이 상당히 좁은 것으로 보인다.

위 그림처럼 접합했을 때 p^+에서 홀을 metal로 넘겨주고 아주 좁은 폭의 공핍층을 가진다. 공핍층의 폭이 넓었을 때는 V_{bi}만큼의 에너지 장벽(barrier, potential)을 넘어야 홀을 이동시킬 수 있는데 공핍층의 폭이 위와 같이 아주 좁을 때에는 V_{bi}만큼의 장벽을 가지기는 하지만 홀의 파동성으로 좁은 공핍층을 터널링 효과(Tunneling effect)로 그냥 쉽게 통과한다. 메탈쪽에서도 홀이 극소수이긴 하지만 이 터널링 효과로 p^+ 반도체쪽으로 쉽게 보낼 수 있다.

Schottky contact의 응용은 반도체 공정에서도 적용되고 있다. 아래 그림처럼

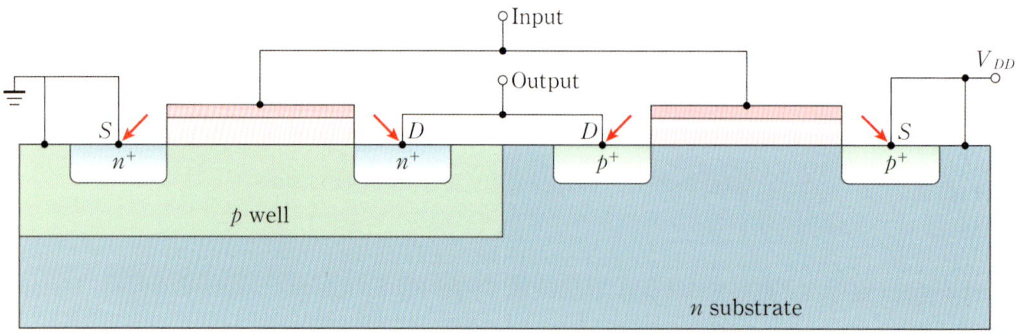

그림 2-23 Ohmic contact가 되어야 할 부분(화살표)

각 source와 drain 지역에 metal선이 연결되어 있다. 이 metal과 반도체(source or drain)의 contact은 반드시 Ohmic contact이 되어 MOSFET 소자가 ac 주파수의 전압 동작에 전류가 잘 통해야 한다. 만약 Schottky contact으로 이루어져 있다면 동작에 큰 문제가 생긴다. 따라서 Source Drain을 n-channel로 사용시에는 n^+로 만들고 p-channel로 사용시에는 p^+화 해서 어떤 종류의 메탈이 contact되더라도 전자나 홀의 터널링 효과로 Ohmic contact효과를 얻을 수 있다.

이렇게 밴드갭으로 해석해야만 전류가 잘 통하는지 아닌지를 파악할 수 있다. 다시 한번 반도체는 에너지 밴드갭 엔지니어링이라 할 수 있다.

아래 그림은 어떤 metal을 사용하느냐에 따라 Schottky contact을 만들 수 있고 Ohmic contact를 만들 수 있다. 예를 들어 work function 값이 큰 metal과 n형 반도체를 접합시키면 metal이 마치 p-type처럼 보여 p-n 다이오드처럼 동작을 한다. 따라서 metal의 work function 값을 알면 얼마든지 Schottky contact이나 Ohmic contact를 자유자재로 만들 수 있다.

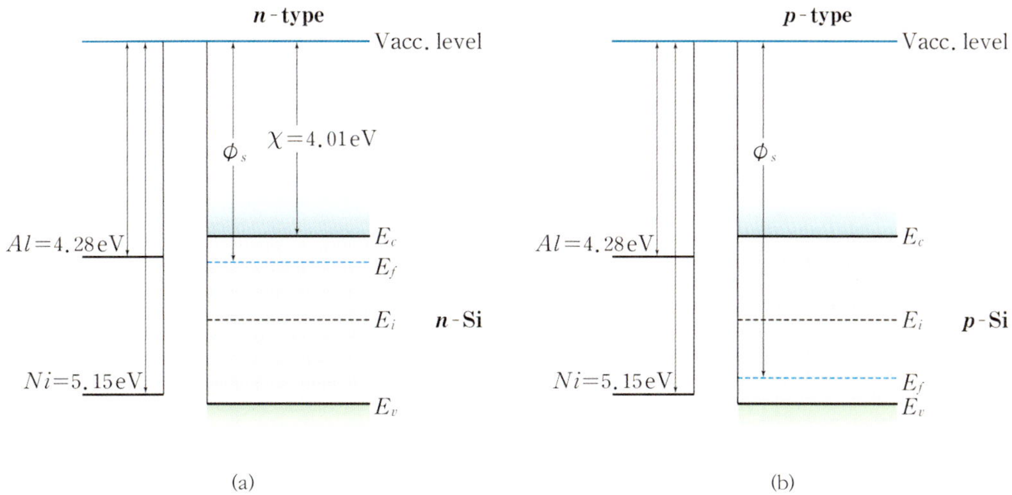

그림 2-24 Metal의 work function값에 따라 Metal-semiconductor contact를 Schottky 또는 Ohmic contact로 만들 수 있다.

정리

Metal-반도체 contact 중 Schottky contact을 이용해서 Ohmic contact의 특성을 만드는 방법은 반도체의 doping을 최대치 (즉 n형 반도체의 경우 n^+, p형 반도체의 경우 p^+)로 높이면 된다. Metal-반도체의 접합구조가 마치 p-n 다이오드처럼 V_{bi} 장벽이 생기긴 하지만 높은 반도체의 도핑 농도로 인해 공핍층의 폭이 극한으로 줄어서 전자나 홀의 터널링 현상(Tunneling effect)이 일어나 양방향으로 전류가 잘 통하게 된다. MOSFET 구조에서 Source나 Drain에 n^+ 또는 p^+ 구조로 만드는 이유 중에 하나가 접촉하는 metal의 종류(work function)에 상관없이 Ohmic contact으로 만들 수 있기 때문이다.

self Q&A

Schottky contact구조를 이용하여 Ohmic contact를 만드는 방법을 설명하라.

2-8 Avalanche breakdown과 Zener breakdown은 어떻게 다른가?

Avalanche의 영어 뜻은 눈사태라는 의미이다. 갑자기 걷잡을 수 없는 눈사태, 여기서는 전자의 사태가 일어나 다이오드가 터져 버리는 상황이 생기게 된다.

p-n 다이오드에서 역바이어스(reverse bias)가 걸렸을 때 일정한 역전압까지는 누설전류(leakage current)정도만 흐른다는 것을 배웠다. (그림 2-11(c) 참조)

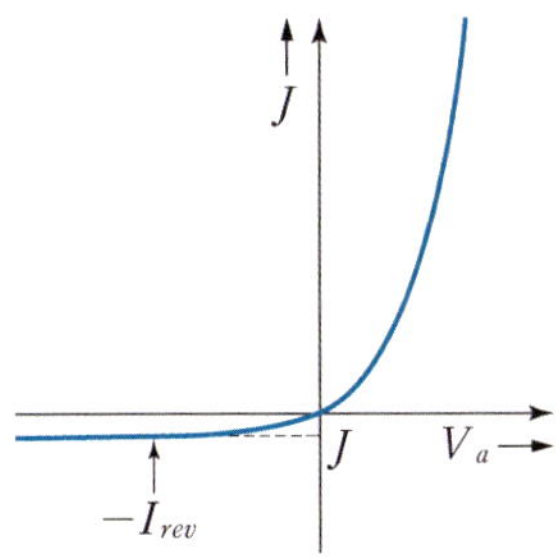

그림 2-25 p-n 다이오드에 역바이어스가 걸렸을 때 흐르는 누설전류(I_{rev})

여기서 더 큰 역바이어스가 걸렸다면 어떤 현상이 일어나고 이런 현상은 어디에 응용이 될까?

에너지 밴드갭으로 한번 해석을 해보자.

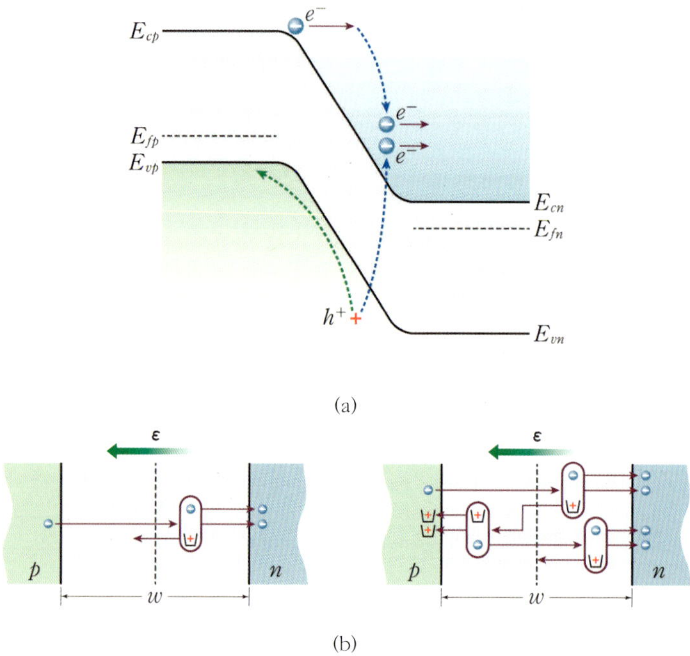

그림 2-26 p-n 다이오드에서 $V_a \ll 0\text{V}$ 가 걸렸을 때 에너지밴드 그림(a)과 avalanche 현상(b)

만약 n지역에 아주 큰 + 전압 예를 들어 +20V를 걸었다고 가정하자. p지역은 ground로 잡았다. 이 상황은 p-n다이오드에 역바이어스를 상상이상으로 크게 걸었다.

그러면 p-n지역에서 에너지 장벽인 built-in voltage(V_{bi}) = 0.7V에 20V가 더해져서 에너지 장벽이 그야 말로 20.7V만큼 깊어진다.

E-field의 방향은 n지역에 +바이어스 20V를 걸었기 때문에 n지역 공핍층에서 p지역 공핍층쪽이다(그림 2-26(b) 참조).

역바이어스가 작게 걸렸을 때 누설전류의 원인은 p지역의 공핍층과 neutral지역 경계지역에 thermally excited 전자들이고 이 전자들이 공핍층에 걸린 강한 E-field에 의해 drift current로 표현된 것이 누설전류(leakage current, $-I_{rev}$)(그림 2-25)이다.

하지만 더 강력한 역바이어스가 걸리면 E-field로 drift되는 전자들이 어마어마한 에너지 가속을 받으면서 공핍층을 지나가게 되는데 이 강력한 에너지가 공핍층내 이온들에 강력한 충격을 주게 된다. 전공책에서는 강력한 에너지를 가진 전자들이 공핍층의 lattice(격자)에 충격을 준다고 하였는데 정확히 표현하면 공핍층 내에 남겨진 이온들(이온들끼리 결합하여 격자를 이루고 있다)에 충격을 주는 것이다. 예를 들면 당구공이 어마어마한 속도로 서 있는 당구공(이온, lattice)을 때려 당구공이 둘로 쪼개지고 쪼개진 당구공이 인근 당구공들을 또 다시 쪼개는 연속 작용이라 할 수 있다.

이럴 경우 이온의 최외각 오비탈 아래에 존재하는 오비탈의 전자와 홀 pair(EHP: Electron Hole Pair)들이 강력한 E-field에 충격을 받아 분리되고 분리된 전자와 강력한 E-field에 의해 또 다시 n지역으로 빨려가고 그리고 홀들은 p지역으로 빨려가는데 이 전자와 홀들도 강력한 에너지를 품고 있기 때문에 또 다른 이웃 이온들에게 충격을 주면서 연쇄적으로 각 이온들 품고있는 전자와 홀에 충격을 주면서 전자와 홀 pair(EHP)를 형성하게 되어 마치 눈사태가 일어나듯이 avalanche breakdown이 일어나는 것이다. 여기서 avalanche breakdown을 일으키는 전자와 홀이 **최외각 궤도의** 전자와 홀이 아니고 **최외각 아래 존재하는 궤도의** 전자와 홀이라고 언급한 이유는 최외각 전자와 홀은 p-n 접합하자마자 확산이 일어나 반대편 지역으로 사라져 버렸고 공핍층내 남겨진 이온들이 가지고 있는 전자와 홀은 최외각 아래 궤도의 전자와 홀이기 때문이다(그림 1-6에서 $3s^2$, $3p^6$는 최외각 오비탈(궤도)이고 그 아래 오비탈은 $2p^6$에 해당한다).

따라서 아래 그림처럼 전류 특성을 나타낸다. 강력한 역바이어스에서 역전류($-I_{rev}$)가 갑자기 증가하는 현상을 볼 수 있다.

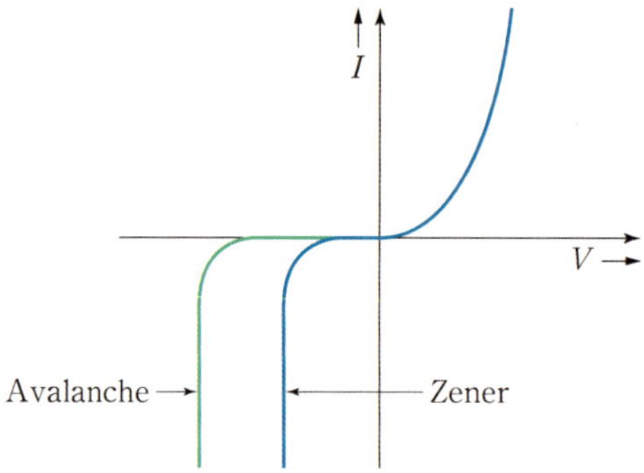

그림 2-27 Avalanche breakdown과 Zener breakdown의 전기적 특성

Avalanche breakdown 현상은 아래 nMOSFET 그림에서 Drain에 강력한 +전압이 걸리는 것과 유사한 현상인데

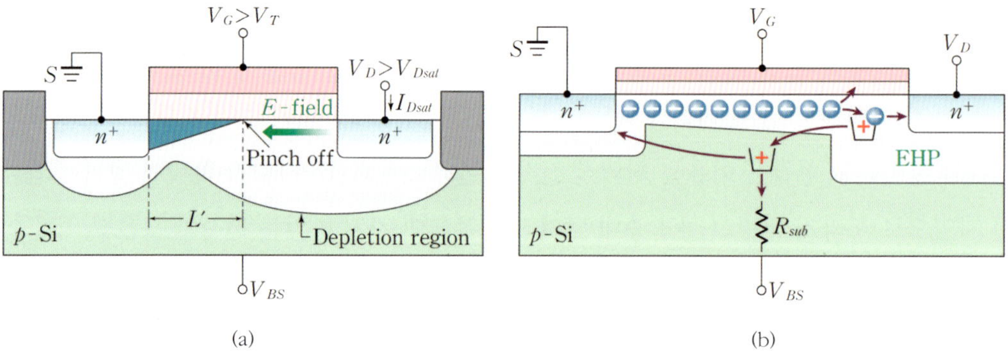

그림 2-28 nMOSFET에서 drain에 강한 전압이 걸린 경우 E-field 증가(a)와 hot carrier 발생(b)

Drain이 n^+이고 기판(Substrate)가 p-Si이므로 drain에 +전압이 걸리는 것은 p-n 다이오드에서 마치 역바이어스가 걸린 것과 같다. 따라서 E-field의 방향은 그림 2-28(a)와 같이 n^+에서 p지역쪽(p-Si)이고 공핍층의 크기도 점점 커지는 것을 볼 수 있다. 이럴 경우 avalanche breakdown이 생길 수 있는 여건이 마련되는데 breakdown 생기는 현상 즈음에 그림 2-28(b)처럼 hot carrier(전자)에 의해 EHP(Electron Hole Pair)를 발생한다는 설명은 지금까지 설명

한 avalanche breakdown현상(EHP 생성)과 일치한다. 만약 여기서 좀 더 큰 역전압이 걸리면 drain 지역의 공핍층이 터져버리는 현상을 볼 수 있다. MOSFET에서 강한 Drain 전압에 의해 breakdown이 일어난다면 drain에서 일어나지 source에서는 일어나지 않는다는 것을 명심하자.

다음은 Zener breakdown을 살펴보자.

먼저 Zener 다이오드를 만들기 위해 p와 n반도체 양쪽 모두에 적어도 $10^{19}cm^{-3}$ 이상 도핑을 해야 한다. 이전에 배운 degenerated 반도체를 만들만큼 p지역과 n지역에 heavily 도핑을 해야 Zener diode를 만들 수 있다.

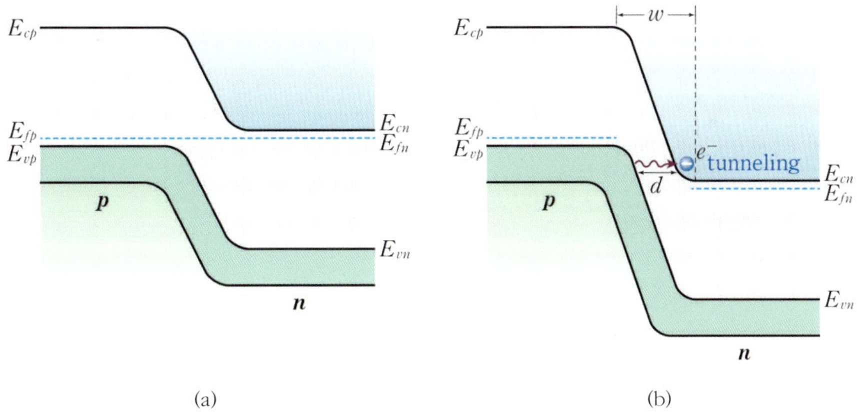

그림 2-29 highly doped p-n 다이오드 $V_a = 0V$ (a)와 $V_a \ll 0V$ (b)에서 에너지 밴드 그림의 차이

p지역, n지역 도핑을 아주 높게 하는 이유는 아래와 같다.

1. High도핑 되었다는 뜻은 V_{bi}값을 가능한 크게 함이 목적이다(V_{bi}값은 도핑 농도가 높을수록 커진다고 섹션 2-3에서 설명을 하였다).

2. 이미 V_{bi}값이 크기 때문에 작은 역바이어스(n지역에 + 전압)에도 p지역 Valence band가 n지역 Conduction band와 서로 마주 보거나 위로 위치할 수 있다(그림 2-29(b) 참조).

3. High 도핑되었기 때문에 공핍층의 폭(W)도 아주 좁다(공핍층은 도핑 농도가 높을수록 좁아진다고 섹션 2-3의 공핍층(W) 관계식에서 설명을 하였다).

4. 따라서 p지역 Valence band에 존재하는 전자들이 공핍층에 역바이어스로 인해 걸린 E-field(E-field방향은 n지역에서 p지역으로 걸림)에 의해 아주 좁은 공핍층을 터널링 효과(Tunneling effect)(진자의 파동성을 이용)로 지나가면서 낮은 역전압에서도 많은 전류를 흘릴 수 있다(그림 2-29(b), 그림 2-27 참조).

이것이 Zener diode 동작 원리이다.

Zener diode의 사용처는 주로 DRAM 등 반도체로 구성된 메인 회로(IC)에 외부에서 갑작스럽게 큰 전압(정전기(Electro Static Discharge))이 들어오는 경우 Zener diode쪽으로 흐르게 하여 반도체 회로를 보호한다.

Zener 다이오드 심볼은 아래와 같다.

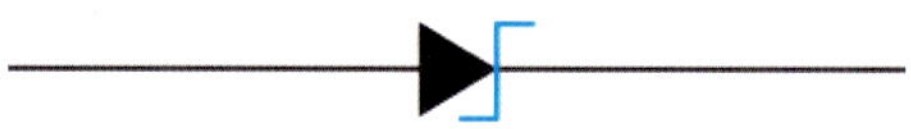

> **Tip**
>
> 정전기(ESD: Electro Static Discharge): 겨울철 건조할 때 차 문 손잡이를 잡다가 손가락에 갑자기 높은 전압이 걸리면서 따끔한 기억이 있을 거다. 이것이 정전기의 예이다. 집적회로(IC)에도 반도체 공정 중이나 중간 전기test 중에 기계(장비)에서 유발되는 정전기로 반도체 회로에 심각한 damage를 줄 수 있다.

정리

반도체에서 breakdown은 Avalanche breakdown과 Zener breakdown 두가지가 있다. 두가지 모두 역바이어스에서 생기는 현상인데 다른 점은 Zener breakdown의 경우 p지역과 n지역 모두 highly doping(적어도 $10^{19}cm^{-3}$ 이상)되어야 한다. Avalanche breakdown은 강력한 역바이스어의 E-field로 인해 공핍층의 이온(lattice(격자))을 때려 거기서 나오는 전자와 홀 pair(EHP)가 걷잡을 수 없이 많이 생겨(Avalanche) 결국 소자(device)가 파괴되는 현상이다. 반면 Zener breakdown은 높은 도핑을 통해 공핍층을 좁게해서 터널링 효과(Tunneling effect)(전자의 파동성을 이용)로 전자를 많이 통과하여 전류를 갑작스럽게 증가시키는 것이다.

self Q&A

MOSFET의 drain에 강한 +전압에 의해 생길 수 있는 breakdown은 Avalanche breakdown인가 아니면 Zener breakdown인가? 이유는?

CHAPTER

3

MOSFET 동작 원리와 Short Channel 효과

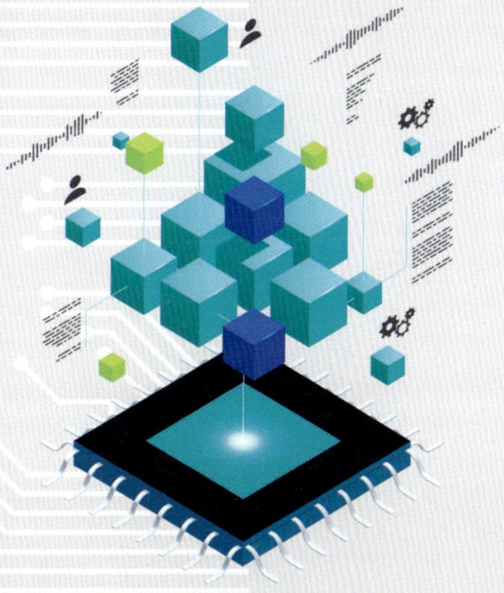

3-1 MOSFET의 예비 지식

MOSFET 동작 기초 정리

MOSFET은 Metal Oxide Semiconductor Field Effect Transistor의 약자이다.

아래 그림을 한번 보자.

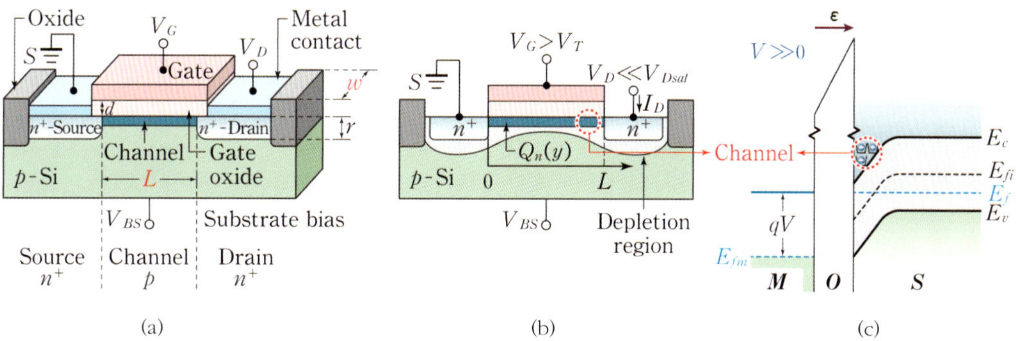

그림 3-1 MOSFET 입체적 구조(a), 단면 구조(cross section)(b), 에너지 밴드갭 구조(c)

그림 3-1(a), (b)는 MOSFET 구조로 V_g가 걸려있는 지역이 Metal(or Poly Si)로 구성되어 있고 아래 gate oxide가 있다. 그 아래 반도체(Semiconductor)가 있어 우리는 MOS라고 부른다.

반도체 양끝 단에 Source와 Drain이라는 n^+ contact well이 보인다. Source(공급)는 carrier(전자 or 홀)를 공급해주는 곳이고 Drain(배수구)은 말 그대로 carrier가 빠져 나가는 곳이다.

MOSFET의 간단한 동작원리는

1. Gate에 +전압(for n-channel)이나 −전압(for p-channel)을 건다($\pm V_g$).

2. +전압($+V_g$)을 걸면 반도체에서 전자들이, −전압($-V_{gs}$)을 걸면 반도체에서 홀들이 gate oxide와 반도체 사이 interface로 몰려든다. (Gate전압(V_{gs})이 gate oxide를 통해 E-field를 형성해서 반도체내 carrier들을 끌어오는 현상을 보고 Field Effect Transistor라고 한다(그림 3-1(c)). Gate oxide interface로 몰려든 carrier들은 gate oxide의 높은 에너지 장벽(9eV)로 인해 metal로 넘어가지 못하고 쌓이면서 channel로 형성된다(그림 3-1(c)). (Channel은 그림 3-1(b), (c)에 표시한 부분 참고)

3. 그림 3-1(b)에서는 Source Drain의 contact well이 n^+이므로 $+V_{gs}$로 n-channel(carrier는 전자)이 형성되고 반면 contact well이 p^+로 보이면 $-V_{gs}$로 p-channel(carrier는 홀)이 형성된다.

4. 그림 3-1(b)에서 Drain에 +전압 그리고 Source에 그라운드를 잡으면 n-channel로 구성된 전자들이 Drain으로 빠져 나간다(Drain에 −전압, Source에 그라운드를 잡으면 p-channel로 구성된 홀들이 Drain으로 빠져 나간다).

5. 아래 그림 3-1(d)처럼 전류가 올라가다가(linear) 정전류처럼 일정하게 흐르는 현상(saturation)은 이후에 자세히 설명하겠다.

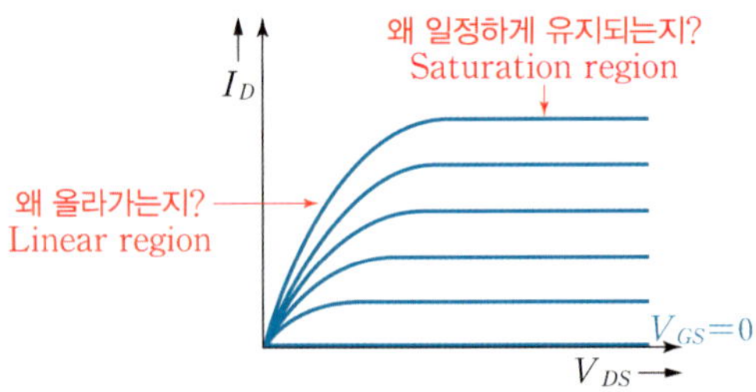

그림 3–1 (d) MOSFET의 I-V특성(Output characteristics)

Accumulation mode와 Inversion mode의 차이 이해하기

현재 사용하고 있는 모든 종류의 DRAM등의 반도체 소자는 Inversion(반전) mode로 동작되고 있다. Inversion mode가 무엇인지 알기 위해서는 우선 Inversion mode와 대비 되는 accumulation(축적) mode와 비교해서 알아 두는 것이 좋다.

아래 2종류의 MOSFET 구조를 비교해보자.

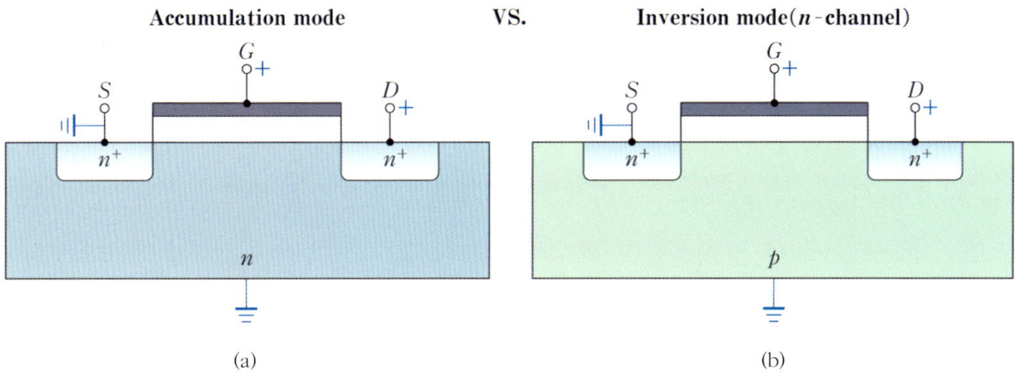

그림 3-2 Accumulation mode(a)과 Inversion mode(b)의 nMOSFET 구조

위 그림 3-2(a), (b)는 두 가지 모두 nMOS이다. 즉 n-channel로 동작하는 MOSFET이다.

nMOS인지 pMOS인지는 Source와 Drain을 보면 알 수 있다. n^+로 보이면 n-channel을 형성하고 p^+로 보이면 p-channel을 형성한다.

Accumulation mode는 "축적"한다는 의미로 그림 3-2(a)에서 n-type substrate를 사용하고 있고 $+V_{gs}$를 가해 n-type의 majority carrier인 전자를 gate oxide interface로 유기(induce 또는 끌어 당김)해서 n-channel을 형성한다. 이와 같이 **Accumulation mode는 substrate의 majority carrier(전자)를 축적해서 MOSFET을 동작시킨다.** 하지만 이 mode는 $+V_{gs}$를 가하

기 전에도 채널 라인의 구성이 n^+(S)와 n-substrate 그리고 n^+(D)로 모두 전자인 majority 캐리어로 구성되어 있어 자칫 잘못하다가 원치 않는 누설 전류가 흐를 염려가 있다. 따라서 이런 방식의 MOSFET은 현재 메모리를 생산하는 반도체 공정에서는 사용하지 않는다. 예를 들어 핸드폰을 사용하지도 않는데 내부 메모리에서 누설전류가 흘러 배터리 소모가 된다고 생각만 해도 아찔하다.

반면 Inversion mode는 "반전"한다는 의미로 그림 3-2(c)에서 p-type substrate를 사용하고 있고 + V_{gs}를 가해 p-type의 minority carrier인 전자를 gate oxide interface로 유기(induce 또는 끌어당김)해서 n-channel을 형성한다. **이와 같이 Inversion mode는 p-substrate의 minority carrier(전자)를 gate oxide interfcae쪽으로 끌어들여 p-type을 n-type으로 반전시켜 n-channel을 형성한다.** 즉 채널 부분의 반도체를 p-type에서 n-type으로 반전시켜 채널을 만든다. DRAM, Flash memory등 우리가 현재 사용하고 있는 모든 반도체 소자들은 기본적으로 이 inversion mode를 이용한다. 왜냐하면 + V_{gs}를 가하기 전에는 채널 라인의 구성이 n^+(S)와 p-substrate 그리고 n^+(D)로 구성되어 있어 이론적으로는 누설 전류가 흐르지 않는다(long channel경우만, short channel경우는 좀 다르다. 이후 설명). Short channel의 경우 누설전류가 있다고 하더라도 nMOS의 경우 채널부위가 구조적으로 Source(n^+) – 채널(p) – Drain(n^+) 구조(Inversion mode)가 Source(n^+) – 채널(n) – Drain(n^+) 구조(Accumulation mode)보다 누설전류 입장에서 유리하다. 따라서 on/off가 확실한 반전 모드(Inversion mode)의 MOSFET을 당연히 이용한다.

다음은 pMOS를 마음 속으로 그려보자.

1. Source와 Drain의 contact well을 p^+로 사용해야 한다.

2. Channel은 p 채널이고 홀(Hole) carrier로 MOSFET을 동작시킨다.

3. V_{gs}는 마이너스를 가하면 반도체에서 홀들이 gate oxide interface로 몰려든다.

4. p-substrate면 accumulation mode가 될 것이고 n-substrate면 inversion mode가 될 것이다.

5. V_{ds}에 마이너스 전압을 걸어 채널로 몰려든 홀들이 Drain으로 빠져 나간다.

다음은 에너지 밴드 그림으로 accumulation과 inversion을 비교해보자.

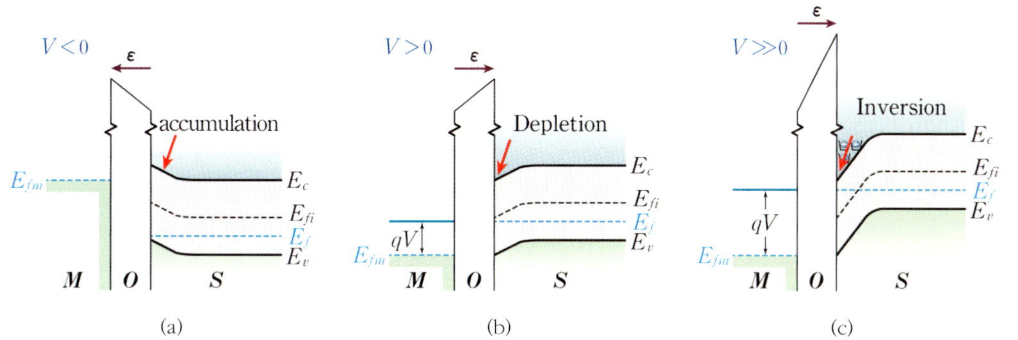

그림 3–3 에너지 밴드 그림으로 본 accumulation(a) depletion(b) inversion(c) modes

그림 3-3(a)는 gate에 −전압($-V_{gs}$)를 걸었다. **반도체는 p-type으로 majority carrier는 홀이다.** $-V_{gs}$를 걸면 gate의 전자의 에너지 준위가 올라가며 반도체의 홀이 gate oxide interface로 몰려들어 p 채널(홀로 구성)을 형성한다. **Majority carrier로 채널을 형성하였기 때문에 accumulation mode이다.** E-field의 방향은 +에서 −로 가기 때문에 그림 3-3(a)처럼 반도체에서 gate 금속쪽으로 E-field 방향이 되고 화살표시처럼 에너지 밴드갭이 올라간 이유는 gate에 −전압이 걸리면서 gate의 에너지 준위가 올라가면서 반도체쪽도 E-field의 영향을 받아 따라 올라가고 E-field의 영향이 사라지는 반도체 부분은 열평형 상태와 같은 모습을 보인다(에너지밴드가 수평 일직선으로 보인다).

그림 3-3(b)는 gate에 약한 +전압(weak $+V_{gs}$)를 걸었다. 반도체는 p-type으로 majority carrier는 홀이다. $+V_{gs}$를 약하게 걸면 gate의 전자의 에너지 준위가 내려가며 반도체의 minority carrier 전자가 gate oxide interface로 몰려들어 아주 약한 n-채널을 형성한다.

p-type의 minority carrier인 전자로 채널을 형성하였기 때문에 weak inversion 또는 depletion mode이다. E-field의 방향은 +에서 −로 가기 때문에 그림 3-3(b)처럼 gate 금속에서 반도체쪽으로 E-field 방향이 되고 화살표시처럼 에너지 밴드갭이 내려간 이유는 gate에 +전압이 걸리면서 gate의 에너지 준위가 내려가며 반도체쪽도 E-field의 영향을 받아 따라 내려가고 E-field의 영향이 사라지는 반도체 부분은 열평형 상태와 같은 모습을 보인다(에너지밴드가 수평 일직선으로 보인다).

그림 3-3(c)는 gate에 강한 +전압(+ V_{gs})를 걸었다. 반도체는 p-type으로 majority carrier는 홀이다. + V_{gs}를 강하게 걸면 gate의 전자의 에너지 준위가 많이 내려가며 반도체의 minority carrier 전자가 gate oxide interface로 몰려들어 아주 강한 n 채널을 형성한다. 그림 3-3(c) 화살표시처럼 에너지 밴드가 많이 굽어 마치 n-type처럼 보인다. **p-type의 minority carrier인 전자로 채널을 형성하였기 때문에 inversion mode이다.** E-field의 방향은 +에서 −로 가기 때문에 그림 3-3(c)처럼 gate 금속에서 반도체쪽으로 E-field 방향이 형성되고 화살표처럼 에너지 밴드갭이 내려간 이유는 gate에 +전압이 걸리면서 gate의 에너지 준위가 내려가면서 반도체쪽도 E-field의 영향을 받아 따라 내려가고 E-field의 영향이 사라지는 반도체 부분은 열평형 상태와 같은 모습을 보인다. 여기서 "+ V_{gs}를 얼마를 걸어야 inversion이 되나?"라고 물으면 적어도 $\Phi_f = E_{fi} - E_f$(intrinsic fermi level에서 fermi level까지 에너지)의 2배인 $2\Phi_f$ 이상이 되어야 inversion되었다고 정의할 수 있다.

이렇게 p-type반도체에 minority carrier인 전자를 이용하여 n 채널을 형성(n-type화)할 경우를 inversion mode라고 부른다 (n-type반도체에 minority carrier인 홀을 이용하여 p 채널을 형성(p-type)할 경우도 inversion mode).

이번에는 nMOS와 pMOS를 결합하여 만든 CMOS inverter 구조를 한번 보자.

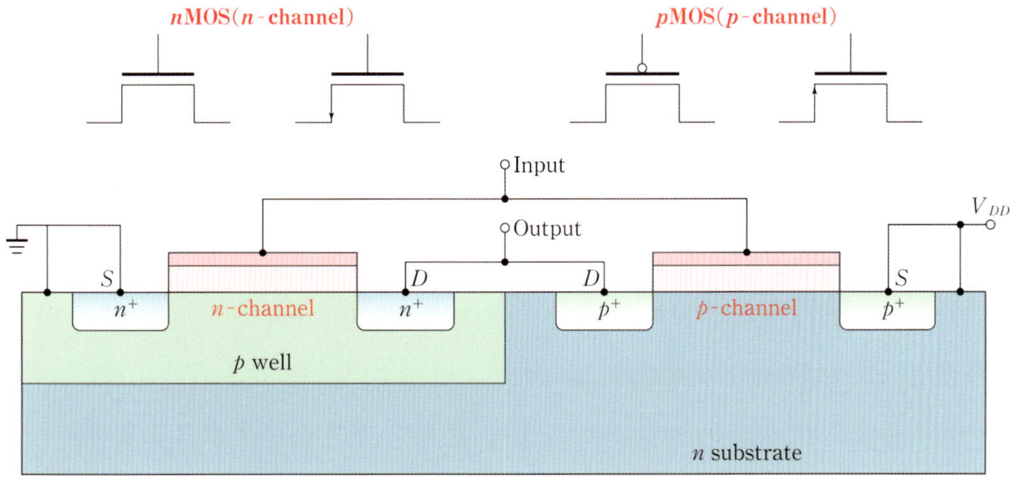

그림 3-4 nMOS와 pMOS symbol과 간략한 CMOS inverter 구조

위 그림에서 가장 중요한 부분은 nMOS든 pMOS든 모두 inversion mode로 소자를 동작시키는 것이다. 다시 말해서 nMOS의 경우 p-substrate(그림 3-4에서 p well)에서 $+V_{gs}$를 가해서 minority carrier인 전자를 유기(induce) 시킨 후 n-channel을 만들고 pMOS의 경우 n-substrate에서 $-V_{gs}$를 가해서 minority carrier인 홀을 유기(induce)시킨 후 p-channel을 만든 것이다. 위와 같이 minority carrier를 굳이 사용하는 이유는 channel이 형성되기 전인 상태(대기 상태)에서 누설전류(leakage current)가 가능한 생겨서는 안 되기 때문이다.

Depletion(Normally-on) mode와 Enhancement(Normally-off) mode의 차이 이해하기

현재 사용하고 있는 모든 종류의 DRAM등의 반도체 소자는 short channel을 적용하고 있기 때문에 대부분 Depletion mode로 동작되고 있다. Depletion mode가 무엇인지 알기 위해서는 우선 Depletion mode와 대비되는 Enhancement mode와 비교해서 설명하겠다.

nMOS를 예를 들어 Depletion(Normally-on) mode와 Enhancement(Normally-off) mode에 대해 설명하겠다. Depletion mode는 gate에 아무런 전압($V_{gs}=0V$)을 가하지 않았는데도 불구하고 누설 전류($I_{ds}>0mA$)가 흐르고 있는 상태 즉 항시 전류가 흐르고 있다고 해서 Normally-on mode라고도 부른다. 반면 Enhancement mode는 gate에 전압($+V_{gs}$)을 가하지 않으면 전류(I_{ds})가 흐르지 않고($I_{ds}=0mA$), +전압($+V_{gs}$)을 가해야 전류(I_{ds})가 흐르는 상태 즉 평상시에는 Normally-off되어 있다라고 생각하면 된다.

Depletion mode하면 Chapter 2에서 배운 공핍층(Depletion region)이 생각이 난다.

그 많은 용어 중에 왜 또 Depletion이라는 단어를 사용했는지 저자도 좀 불만이지만 할 수 없다.

과학자들이 만든 용어를 우리는 끼워 맞추어 이해하거나 외울 수 밖에

Depletion은 고갈이라는 뜻이니까 항상 전류가 흐르는 MOSFET(Nomally-on mode)에 gate 전압을 가해서 depleted(고갈 = off)되는 쪽으로 만든다라고 생각하면 좋겠다.

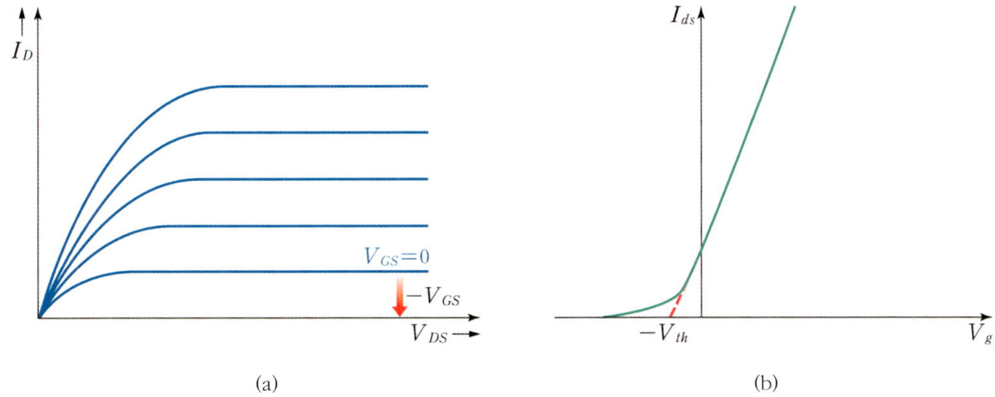

그림 3-5 Depletion(Normally-on) mode의 전기적 특성: 전류-전압 특성(a), transfer 특성(b)

그림 3-5(a)는 nMOSFET의 전류-전압(I_{ds}- V_{ds})특성(or Output characteristics)으로 $V_{gs}=0$V 인데도 일정한 I_{ds}가 흐르는 것을 볼 수 있다.

여러 가지 이유로 Gate에 전압을 가하지 않은 상태에서 I_{ds} 즉 source-drain전류가 흐를 수 있다. 반도체 기업에서는 대부분 MOSFET의 채널길이(L)이 너무 짧아 short channel effect 현상으로 이렇게 V_{gs}를 가하지 않았는데도 불구하고 원치 않는 누설 I_{ds}가 흐를 수 있다. 아무튼 현재 우리는 Normally-on mode와 Normally-off mode의 차이는 공부하고 있으니 일단 넘어가자.

그림 3-5(a) 특성에서 + V_{gs}에 따라 전류값 I_{ds}가 증가하는 것을 보아 **전자로 channel이 형성된 nMOS라는 것을 알 수 있다**. 또한 I_{ds}를 0으로 만들려면 V_{gs}에 –전압(– V_{gs})을 가해야 한다는 것도 알 수 있다.

그림 3-5(b)는 V_{gs}(x축) 변화에 따른 I_{ds}값을 나타낸 그림으로 transfer 특성이라고 한다. 이 그림에서도 $V_{gs}=0$V에서 I_{ds}가 흐르는 것을 볼 수가 있다. Transfer 특성에서 여러 가지 정보를 얻을 수 있는데 위 그림에서 보이듯이 I_{ds}가 0mA가 되는 V_{gs}값을 우리는 V_{th}(Threshold voltage, 문턱 전압)라고 부른다. 이 특성에서도 $-V_{gs}$에서 I_{ds}가 0이 되는 것을 볼 수 있다. 이와 같이 Depletion mode 또는 Normally-on mode는 gate에 전압(바이어스)을 가하지 않은 상태에서도 전류(I_{ds})가 흐르는 특성을 가지고 있다.

다음은 Enhancement mode(Normally-off mode)이다.

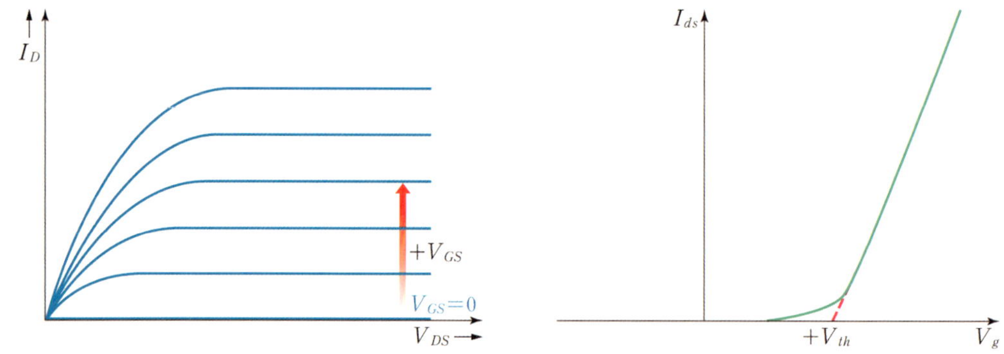

(a) (b)

그림 3-6 Enhancement(Normally-off) mode의 전기적 특성: 전류-전압($I_{ds}-V_{ds}$) 특성(Output characteristics)(a), transfer 특성(b)

Enhancement mode의 이해는 어렵지 않다. V_{gs}에 전압을 가하지 않으면 전류가 생성되지 않는다. 당연한 이치 아니겠는가? 하지만 V_{gs}에 얼마를 가해야 전류(I_{ds})가 흐르기 시작하는지는 옆의 transfer 특성을 봐야지 정확히 알 수 있다. 이것을 우리는 V_{th}(Threshold voltage)라 부른다.

전류가 막 생성되기 시작하는 시점(Enhancement mode 케이스) 또는 전류가 막 사라지는 시점(Depletion mode 케이스)의 V_{gs} 값을 V_{th}(문턱 전압)라고 이해하면 된다.

Quiz

nMOS, pMOS, $V_{th} > 0\text{V}$, $V_{th} < 0\text{V}$, Depletion or Enhancement mode.

아래 4개의 그림을 보고 nMOS인지 pMOS인지 또 V_{th}(Threshold voltage, 문턱전압) > 0V인지 < 0V인지 그리고 Depletion mode인지 Enhancement mode인지 스스로 점검을 해보기 바란다(at $V_{gs} = 0\text{V}$).

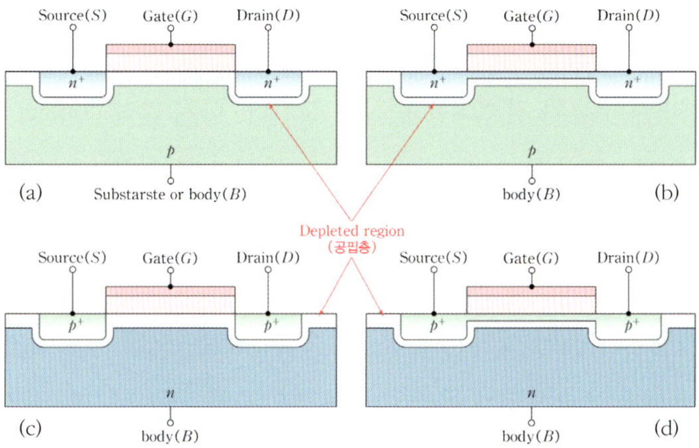

그림 3-7 nMOS, pMOS, V_{th}(문턱전압), Depletion or Enhancement mode 동작

HINT 우선 Source/Drain contact well을 잘 보자. Contact well이 n^+이면 n-channel이므로 nMOS이고 p^+이면 p-channel이므로 pMOS이다. 위 4개 그림은 모두 inversion mode로 substrate의 minority carrier를 gate oxide interface로 유기(induce, 끌어 당김)시키는 것이다. 예를 들어 n-type substrate면 minority carrier가 홀이고 홀을 gate oxide interface로 끌어당기기 위해서는 $-V_{gs}$(마이너스 gate전압)이 필요하다. 그림 3-7은 $V_{gs} = 0\text{V}$일 때 그림들인데 V_{gs}가 0V일 때 채널이 이미 형성되었는지, 안되었는지 구분해서 보면 된다.

답

(a) nMOS, Enhancement mode, $V_{th} > 0\text{V}$(전자의 채널을 형성시키기 위해 $+V_{gs}$가 필요)

(b) nMOS, Depletion mode, $V_{th} < 0\text{V}$($V_{gs} = 0\text{V}$일 때 이미 전자의 channel이 형성되어 있고 이 전자의 channel을 없애기 위해 $-V_{gs}$를 가하면 채널의 전자들이 사라져 버리게 됨. $V_{th} < 0\text{V}$)

(c) pMOS, Enhancement mode, $V_{th} < 0\text{V}$(홀의 채널을 형성시키기 위해 $-V_{gs}$가 필요)

(d) pMOS, Depletion mode, $V_{th} > 0\text{V}$($V_{gs} = 0\text{V}$일 때 이미 홀의 channel이 형성되어 있고 이 홀 channel을 없애기 위해 $+V_{gs}$를 가하면 채널의 홀들이 사라져 버리게 됨. $V_{th} > 0\text{V}$)

죽이기도 살려 두기도 그런 계륵같은 Source/Drain contact well

그림 3-7을 보면 nMOS의 경우 n^+ S/D contact well이 있고, pMOS의 경우 p^+ S/D contact well이 있다. 앞서 설명한 것처럼 n^+ contact well을 쓰는 이유는 Source에서 Drain까지 이어지는 저항 성분을 줄이기 위함이다.

다시 말해 gate oxide interface에 생긴 채널의 캐리어들(전자 or 홀)이 최종 contact well을 통해 단자 끝으로 가는데 만약 이contact well이 저항 성분을 가지면 캐리어들 100%가 단자 끝으로 가지 못하면서 전류가 감소되는 현상이 생긴다. 다시 말해 contact well을 n^+나 p^+로 만들지 않고 n이나 p로 만든다면 contact well내부에 저항 성분(access resistance, series resistance라고 부른다)이 생긴다는 뜻이다. 따라서 n^+, p^+ contact well을 만들어 저항 성분을 줄이는 것은 필수적이다. 하지만 n^+, p^+ contact well을 만들면 부작용도 있다. Chapter 2에서 배운 공핍층이 생기는데 공핍층의 폭(W)은 도핑 농도에 반비례한다(섹션 2-3 참고). 즉 도핑 농도가 높으면 공핍층의 폭은 좁아지게 되고 거기에 걸리는 전압을 에너지 단위인 전기장(E-field)로 환산하면 $E = V/W$로 아주 좁아진 공핍층의 폭으로 전기장의 크기는 상당히 커져서 Chapter 2에서 배운 avalanche breakdown이나 앞으로 배울 Hot carrier가 발생 할 수 있다. 그림 3-8은 그림 3-7(a)의 그림을 좀 더 정확하게 그린 그림이다. 정확하다는 의미는 3-7(a)에는 n^+지역에 아무것도 그려져 있지 않지만 정확하게 말하면 n^+지역 내에도 아주 아주 좁은 폭(W)의 공핍층이 존재한다는 것이다. 모든 반도체 공학 전공책에는 이 n^+지역 내의 공핍층이 표시되어 있지 않다(정확하게는 n^+지역에도 공핍층을 표시해주는 것이 맞다).

저항 성분을 줄이기 위해 n^+, p^+ contact well을 반드시 사용해야 하지만 좁은 공핍층으로 E-field가 커져서 부작용도 생기는 것을 상기시키고 싶다. 좀 더 자세한 것은 추후에 더 설명할 것이다.

따라서 n^+, p^+ contact well은 필요하면서도 부작용(High E-field 생성)도 가지고 있는 계륵 같은 존재이다.

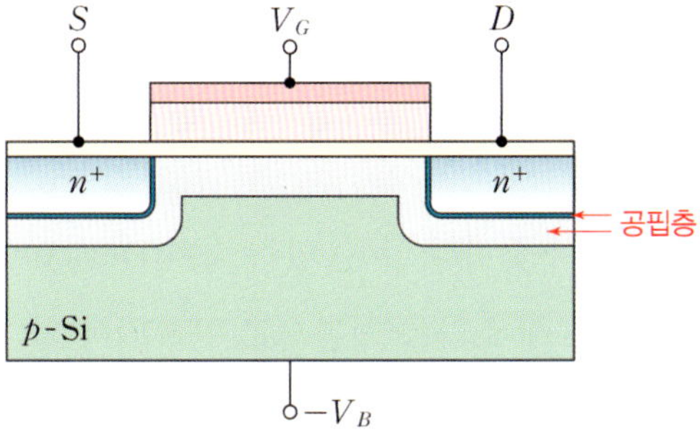

그림 3-8 MOSFET 내 n^+ 또는 p^+ contact well 내에도 공핍층이 존재한다. 다만 너무 좁아서 표시를 안했을 뿐이다.

Tip n^+, p^+를 만들면 왜 저항 성분이 줄어드나? 이 답은 이 책의 가장 앞부분부터 다루었다(섹션 1-1 참조). n^+, p^+는 전자나 홀의 농도가 높다는 뜻이고 전자나 홀의 농도가 높으면 전도도(σ)가 좋아지고, 전도도는 전류(밀도)와 직접적으로 연관이 있다.

$$J_{drift} = q(n\mu_e + p\mu_h)E = \sigma E$$

J_{drift}: 전계 전류 밀도 σ: 전도도 μ: 이동도 E: 전기장(Electric field)

3-2 MOSFET의 동작 원리 이해하기

MOSFET은 모든 반도체 산업에서 꽃이라 할 수 있는 소자(Device)이다. 현재 사용하고 있는 반도체 부품들 거의 100% MOSFET 소자를 기본으로 구성되어 있다고 해도 과언이 아니다.

지금부터 MOSFET의 동작원리를 정확히 이해해보자.

먼저 **Normally-off mode 즉 Enhancement mode로 동작하고** V_{th} **= 0V라고 가정하자.**

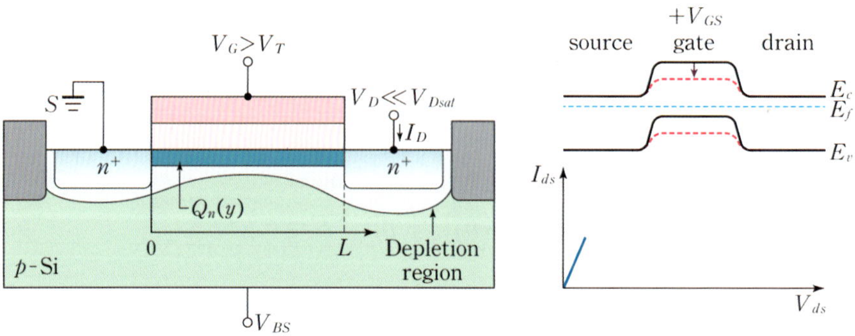

그림 3-9 nMOS의 linear region에서 동작

그림 3-9는 우선 gate에 V_{th}보다 큰 전압($+V_{gs}$)을 걸었다. 당연히 전자들이 gate oxide interface에 몰려들어 channel을 형성할 것이다. $V_{th}=0V$ 상태에서는 V_{gs}에 전압을 걸더라도 $+V_{ds}$ 즉 Drain/Source에 전압을 걸어주지 않으면 전류는 흐르지 않는다(왜냐하면 Enhancement mode). 그림 3-9의 I-V 특성 그림을 보면 알 수 있다.

그리고 + V_{gs} 전압을 올리면 올릴수록 채널에 모이는 전자의 수도 늘어나 채널이 두껍게, 즉 굵은 파이프 라인(굵은 채널)이 형성되었다고 생각하면 좋겠다. 다시 말해 작은 + V_{gs}에서는 얇은 파이프라인의 채널, 큰 + V_{gs}에서는 굵은 파이프 라인 채널 형성이 된다.

그림 3-9의 I-V 특성에서 x축은 V_{ds}(Drain/Source전압), y축은 I_{ds}(전류)이다. 특정 V_{gs}를 걸었지만 V_{ds} =0V에서는 전류가 x축과 y축 만나는 지점이 0에 위치하는 것을 볼 수 있다.

서서히 + V_{ds} 전압을 올리면 Drain과 Source 어딘가에 전압 강하가 일어날 것이고 그림 3-9에서 V_{ds}에 의한 전압 강하는 채널을 통해 일어난다. 마치 채널이 저항(R)처럼 보이고 V_{ds} 전압에 따라 전류 I_{ds}는 $R = V_{ds}/I_{ds}$ 관계식을 따라 linear하게 증가한다. **즉 V_{ds}가 증가하는만큼 I_{ds}값도 증가하는 전형적인 저항 특성을 볼 수 있다. (그림 3-9의 I-V특성 참조) 우리는 이런 현상을 나타내는 구역을 Linear region이라고 부른다.** 에너지 밴드 그림입장에서도 그려보면 + V_{gs}를 가하면 p-type이었던 channel이 점점 n-type 쪽으로 바뀌는 것(그림 3-9, 에너지 밴드갭에서 빨간색)을 볼 수 있다. 이것을 inversion(반전)되었다고 한다. 또한 Source-Gate 그리고 Drain-Gate의 에너지 장벽(energy barrier)도 낮아져서 Source의 전자들이 채널을 통과해 Drain쪽으로 넘어가기 쉬운 상태로 되어 있다.

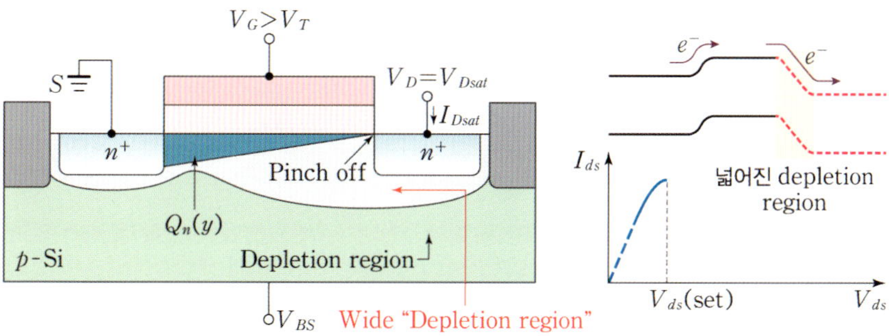

그림 3-10 nMOS의 Pinch-off(꼭지점) 현상

그림 3-10에서 좀 더 V_{ds} 전압을 증가해보자. (한편 V_{gs}에 +5V를 걸었다)

V_{ds} 전압이 점점 증가하다가 $V_{ds}=+5V$가 되었을 때 어떤 현상이 생길까?

$V_{ds}=+5V$라는 의미는 Drain에 +5V가 걸리고 Source에 ground 즉 0V가 걸리는 것과 같다.

그럴 경우 Gate와 Source의 전압차(5－0＝5V)는 +5V이고 Gate와 Drain의 전압차(5－5＝0V)는 0V이다.

그리고 Drain과 Source사이는 전압 강하가 5V, 4V, 3V, 2V, 1V, 0V 이런 식으로 일어날 것이다(그림 3-11참조).

Gate와 Source 지역은 전압차 5V만큼 전자를 끌어당겨 채널을 형성한 지역으로 굵은 파이프 채널로 형성되고, 전압차 0V인 Gate와 Drain 지역은 전자를 끌어당길 힘도 없어 Source에서 생긴 파이프 라인 굵기가 Drain과 Source사이 전압강하가 일어나는 것만큼 일정하게 줄어들면서 끝 지점(Drain)을 형성할 것이다. 마치 삼각형 꼭지점처럼 형성되는데 우리는 이것을 pinch-off라 한다. 영어 해석은 "꼬집다"라는 뜻인데 그냥 삼각형 꼭지점이라 생각하자.

한가지 주목해야 할 사실은 Drain(n^+)에 +5V가 걸려 있고 n^+ Drain과 마주하는 지역은 p-type Si(substrate)으로 되어있어 마치 p-n다이오드에서 n지역에 +전압을 가하면 역바이어스가 걸린 것과 같은 현상이 발생한다. 역바이어스가 걸리면 공핍층(W)이 확대(특히 농도가 낮은 p지역쪽에) 되는 현상을 볼 수 있다(그림 2-16(역바이어스 p-n다이오드), 그림 3-10 에너지 밴드 그림 참조).

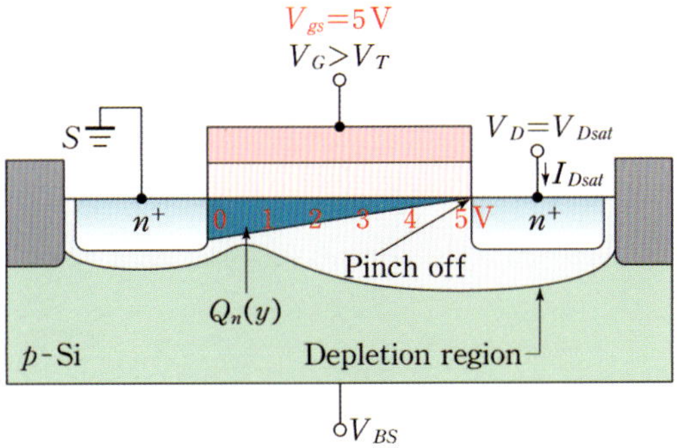

그림 3-11 nMOS의 Pinch-off(꼭지점)에서 내부 채널 상황 $V_{ds}=+5V$, $V_{gs}=+5V$

기억이 나는가? 섹션 2-5의 그림 2-16 부분에 " $V_a < 0V$ 에서 p지역에서 공핍층의 끝과 p의 neutral지역에서 J_n(drift)"의 설명은 Pinch-off 지점과 유사한 점이 있다. 한가지 다른 점은 p-n 다이오드에서의 전자는 Thermally excited된 전자이고 그림 3-10은 gate전압에 의해 유기(induce)된 전자들이라는 것이 다른 점이다. 하지만 공핍층 끝이나 pinch-off 꼭지점 근처의 전자들은 항상 n지역에 걸린 + 전압에 의한 E-field로 빨려 내려오는 drift current가 발생하게 된다(그림 3-10 에너지 밴드 그림 참조).

미리 말해두지만 전류(I_{ds})의 증가는 여기까지고 더 큰 V_{ds}를 가하면 I_{ds}는 saturation(포화)되어 일정한 전류가 흐르게 된다. 그럼 왜 그런지 설명해보자.

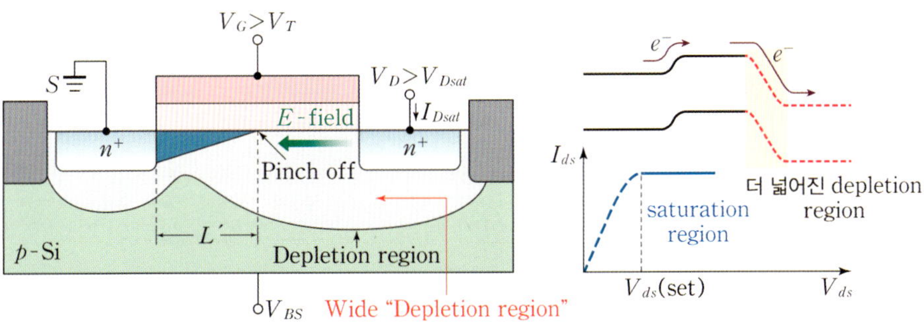

그림 3-12 nMOS의 Pinch-off(꼭지점) 이상 V_{ds}를 증가했을 때 $V_{ds} > V_{gs}$

그림 3-12는 $V_{gs}=5V$상태에서 V_{ds}를 5V 이상 예를 들어 $V_{ds}=7V$를 가한 상태이다.

채널 내부적으로 어떤 현상이 생기는지 자세히 들여다보자.

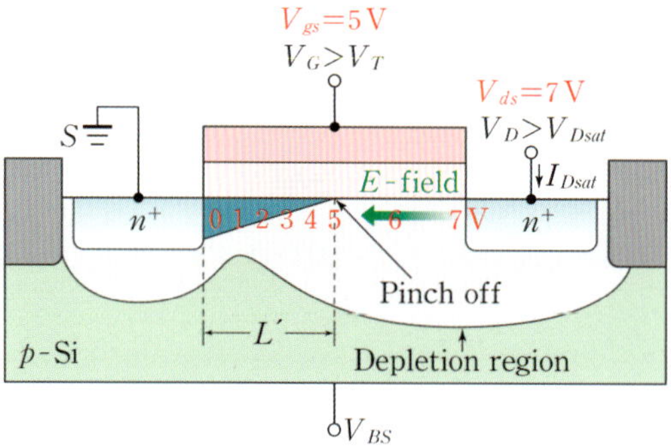

그림 3–13 nMOS의 Pinch-off(꼭지점) 이상에서 내부 채널 상황 $V_{ds}=+7V$, $V_{gs}=+5V$

Drain에 가해진 +7V는 채널 내부적으로 전압 강하가 일어나면서 Source에 0V가 걸릴 것이다.

V_{ds}가 +5V에서 +7V로 $V_{gs}=+5V$보다 큰 값이 걸려 채널 내부 어느 지점에서 $V_{ds}=+5V$가 걸려 pinch-off 꼭지점 현상(Gate와 Drain의 전압차가 0V인 지점)이 일어날 것이다. 다시 말해 pinch-off지점이 채널 내부로 밀려나게 된다. Drain에 +5V보다는 +7V가 걸렸을 때 n^+에 걸린 역바이어스가 더 커져 공핍층 폭(W)은 더 넓어지게 된다(그림 3-13 참조). 그리고 E-field의 크기도 더 증가할 것이다. E-field의 방향은 Drain(+7V)에서 Source(0V)쪽 즉 전자는 pinch-off지점에서 Drain쪽으로 빨려 들어가게 된다(그림 3-12 에너지 밴드 그림 참조). (Drift 전류형성)

그런데 중요한 점은 $V_{gs}=+5V$로만 걸려있기 때문에 전자로 구성된 채널의 파이프라인 굵기는 변화가 없고 pinch-off지점의 전자 수도 변화가 없다. 단 E-field의 세기가 커질 뿐이다. 마치 p-n다이이오드에 역바이어스가 커질 때 전류(I_{rev})값이 거의 일정 하듯이 따라서 V_{ds}에 V_{gs} 이상 전압이 걸리게 되면 I_{ds}의 전류 값은 증가없이 일정하게 흐르게 된다. 우리는 이것을 "정전류(constant current)"라 부른다. 그리고 이 지역을 우리는 Saturation 지역이라고 부른다(이 설명은 채널 length가 long channel인 경우에만 해당한다. 즉 $+V_{ds}$ 증가로 공핍층이 확대되어도 유효 채널길이가 크게 줄지 않는 경우에만 해당한다. 유효 채널 길이가 줄면서 I_{ds}가 증가하는 Channel modulation은 추후 설명(pg. 204)한다).

하지만 V_{ds}를 무한정 크게 하면 p-n다이오드의 역바이어스가 무한정 커질 경우 생기는 Avalanche breakdown현상이 MOSFET에서도 생긴다. 따라서 MOSFET에서 높은 V_{ds}를 가해 breakdown(Burn out)이 생기면 반드시 E-field가 강하게 걸린 Drain 지역에만 생기는 것을 명심하자.

위에서 두가지 중요한 사실은 V_{ds}가 V_{gs}보다 클때(예를 들어 $V_{ds}=+7V$, $V_{gs}=+5V$)에는 pinch-off지점이 채널 내부로 움직이고 전류값도 saturation된다는 사실을 이해하길 바란다. (long channel에만 한정됨).

자 그럼 아래 I-V 특성 그림(그림 3-13)에서 왜 linear지역에서는 V_{ds} 증가에 따른 I_{ds}가 증가하고 pinch-off 이상부터는 전류(I_{ds})가 일정하게 흐르는 saturation지역이라고 부르는지 이해했을 것이다.

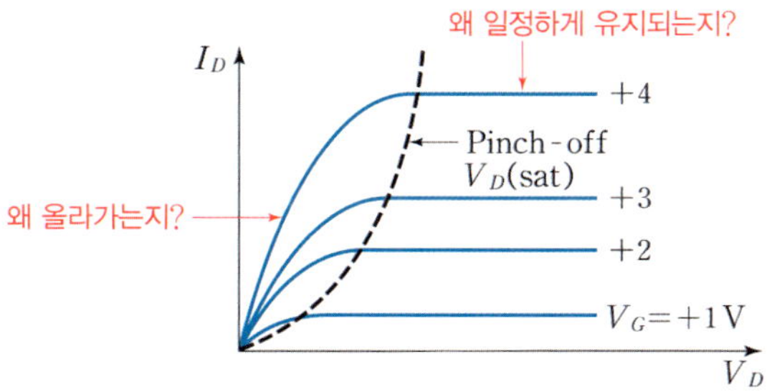

그림 3-14 MOSFET의 I-V특성(Linear region, saturation region, Pinch-off)

그런데 아직 한가지 의문점이 남아있다. 그림 3-13에서 왜 $+V_{gs}$가 증가하면 I_{ds}가 증가하지? V_{gs}가 증가하더라도 V_{ds}와 V_{gs}가 같으면 전압차가 0V(Pinch-off지점)인 것은 같은데 왜 I_{ds} 즉 전류가 증가하는 것일까?

답은 파이프 라인의 두께이다. 저자는 일부러 파이프 라인 두께라고 처음부터 강조하였다. 이런 질문이 나올까봐.

예를 들어 $V_{gs}=+1\text{V}$와 $V_{gs}=+5\text{V}$를 비교해보자. V_{gs} 전압이 증가하면 더 많은 전자들이 볼려와 채널을 형성(파이프라인)한다고 하였다. 하지만 $V_{gs}=+1\text{V}$에 비해 $V_{gs}=+5\text{V}$는 더 큰 전압이므로 더 많은 전자의 채널 즉, 더 굵은 파이프라인을 형성할 것이다. 하지만 $V_{gs}=V_{ds}$가 같은 지점인 pinch-off지점은 $V_{gs}=+1\text{V}$(at $V_{ds}=+1\text{V}$)든 $V_{gs}=+5\text{V}$(at $V_{ds}=+5\text{V}$)든 상관없이 Gate와 Drain의 전압차는 0V이다.

문제는 $V_{gs}=+1\text{V}$로 형성된 얇은 파이프라인이 pinch-off되는 지점과 $V_{gs}=+5\text{V}$로 형성된 굵은 파이프라인 끝점(Pinch-off) 근처의 전자의 수는 $V_{gs}=+5\text{V}$인 경우가 훨씬 더 많은 전자들이 pinch-off지점에 있을 것이다. n^+ drain에 걸린 +전압으로 생긴 E-field는 pinch-off 근처에 존재하는 전자들 모두를 끌어 당기기 때문에 파이프라인이 더 두꺼우면 더 많은 전자들이 drift되어 Drain으로 빠져 나간다. 따라서 V_{gs}값이 커지면 saturation 지역의 I_{ds}값도 커지게 된다.

그림 3-9의 에너지 밴드 그림 입장에서 설명을 해보자. $V_{gs}=+1\text{V}$일 때 보다 $V_{gs}=+5\text{V}$일 때 채널이 더 심하게 p-type에서 n-type화 될 것이다. 더 많이 inversion(반전)되었다는 뜻이다. 더 심하게 n-type화 되었다는 뜻은 페르미 레벨이 Conduction band쪽으로 더 가까이 갔다는 뜻이다.

정리하면 Linera region에서는 전류(I_{ds})가 V_{ds}에 의해 증가하고, Saturation region에서는 전류(I_{ds})가 V_{gs}에 의해 증가하는 것을 알 수 있다.

이제 MOSFET의 I-V특성을 모두 이해하였다. 천천히 다시 한번 음미하면서 본인의 것을 만들어 어떤 질문이 들어와도 대답을 할 수 있기를 바란다.

동영상 링크 : https://www.youtube.com/watch?v=x8T3YCWZftA
유튜브 검색 키워드 : MOSFET 동작원리, Pinch-off, 앤디솔

Linear region에서 I-V특성 이해하기

그림 3-9에서 Linear하게 증가하는 전류(I_{ds})와 전압(V_{ds})의 관계에 대해서 좀 더 자세히 알아보자.

앞서도 설명했듯이 Linear region에서 I-V특성은 $R = V_{ds}/I_{ds}$ 관계식을 따른다. 즉 Linear region에서만 저항 성분처럼 보인다.

관계식은 다음과 같다.

$$I_{ds} = g_{ds} V_{ds} \qquad g_{ds} = \frac{W}{L}\mu_e Q_n \qquad I_{ds} = \frac{W}{L}\mu_e Q_n V_{ds}$$

$$J_{drift} = q(n\mu_e + p\mu_h)E = \sigma E \qquad \text{cf: } E = V_{ds}/L$$

$$g_{mLinear} = \frac{\partial I_{ds}}{\partial V_{ds}} = \frac{W\mu_n C_{ox}}{L} V_{ds}$$

where $Q_n = C_{ox} V_{ds}$

$$C_{ox} = k\frac{A}{d}$$

g_{ds} = channel conductance

Q_n = inversion layer charge per unit area(단위 면적당 inversion 층의 전하량)

d: gate oxide 두께

여기서 channel conductance (g_{ds})는 V_{ds}가 변함에 따라 얼마만큼 I_{ds}가 변하는지 보는 중요한 지수이다. 따라서 g_{ds}값이 크다는 얘기는 I_{ds}값도 크게 올라간다는 뜻이다.

그럼 위의 channel conductance (g_{ds}, $g_{mLinear}$)식에서 무엇을 control하면 g_{ds}, $g_{mLinear}$ 값이 올라갈까?

수식으로 보면 W를 크게 하고 L을 줄이고 이동도(μ_e, μ_h)를 높이고 C_{ox} 값을 높게 하면 된다로 요약된다.

1. W를 키운다. 많은 캐리어를 유기(induce)하기 위함인데, FinFET이나 GAA(Gate All Around) 등과 같은 입체적인 구조를 이용하여 W를 키우는 것과 같은 효과를 얻을 수 있다. 참고로 FinFET이나 GAA를 이용하면 어떻게 W가 커지는지는 아래 그림 3-16(b)를 참고하면 된다. GAA는 FinFET이 W를 3배 늘려준다면 둥글게 감싸기 때문에 4배정도 더 늘릴 수 있다고 볼 수 있다.

2. L을 줄인다. L은 channel length이다. 줄이면 short channel effect가 생겨서 무조건 줄일 수는 없다.

3. 이동도의 경우 Si은 이미 결정되어 있어 개선의 여지가 없다(전자의 이동도 μ_e : 1350, 홀의 이동도 μ_h : 490 cm^2/Vsec). 하지만 최근에는 Si에 strained SiGe을 channel로 대체하거나 Source, Drain 양쪽에 추가하여 이동도 극대화를 시도하기도 하였다(S/D SiGe에 의해 channel에 해당하는 Si이 stress를 받아 이동도가 2배정도 올라간다. $Si_{1-x}Ge_x$: x

=0.3의 경우 전자의 이동도 μ_e : 4300, 홀의이동도 μ_h : 840 cm^2/Vsec까지 올라갈 수 있다)(그림 3-15 참조).

4. C_{ox}는 $Q_n = C_{ox} V_{ds}$의 관계식에서 Q_n과 직접 연관이 있다. C_{ox}를 크게 하려면 gate oxide 두께(d)를 줄이면 되는데 이럴 경우 작은 전압에도 gate oxide에 큰 전기장(E-field)이 걸려 gate oxide의 breakdown이 생길 수 있다. 따라서 SiO_2(유전상수 k=3.9) gate oxide 대신 유전상수(k)가 25인 HfO(하프늄옥사이드)를 사용하면 gate oxide 두께를 늘려 breakdown을 늦출 수 있고 큰 유전상수(k=25)로 더 많은 전자들을 gate oxide interface로 끌어올 수 있다.

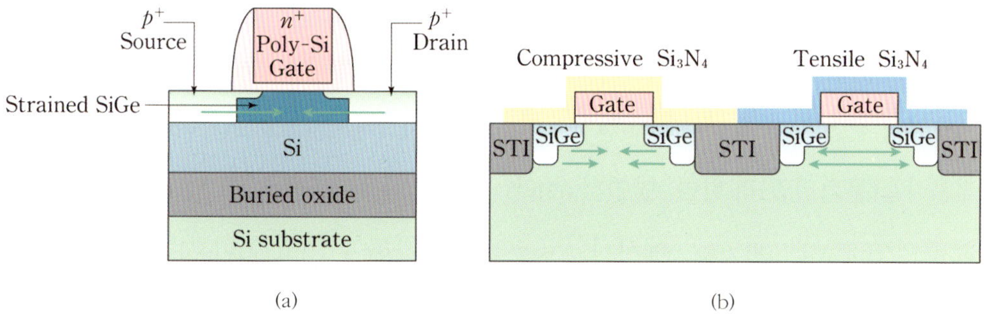

그림 3-15 채널로 대체된 strained SiGe(a)와 Source-Drain(SiGe)의 stress로 Si channel의 이동도 증가(b)

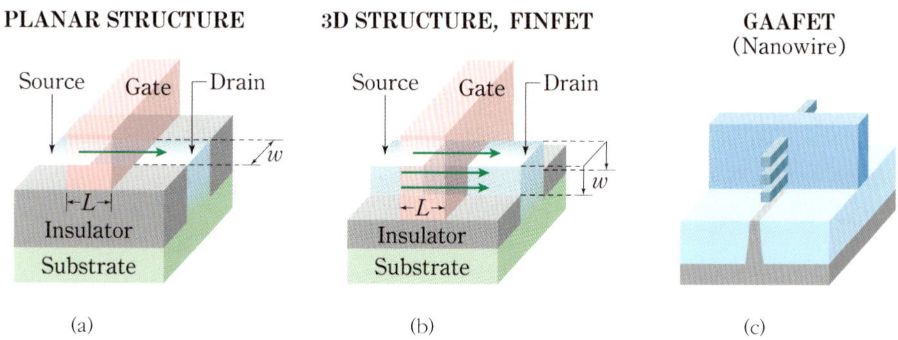

그림 3-16 일반적인 MOSFET 구조(a), FinFET 구조(b), GAA구조(c)

Threshold voltage(V_{th})가 존재할 때 Pinch-off voltage의 변화

지금까지 MOSFET의 동작을 설명할 때 편의상 V_{th}(문턱 전압)를 0V로 가정하고 설명하였다. 그리고 $V_{th}=0V$에서 Pinch-off 전압은 $V_{ds}=V_{gs}$이다. 즉 Gate와 Drain전압의 전위차가 0V인 경우 꼭지점(Pinch-off)이 형성된다고 하였다. 따라서 $V_{ds}-V_{gs}=0V=V_{th}$이다.

만약 V_{th}가 존재한다면 $V_{ds}-V_{gs}=V_{th}$가 되어야 한다. 여기서 V_{th}는 플러스 값($>0V$)이 될 수 있고 마이너스 값($<0V$)이 될 수 있다.

실제로 nMOS의 경우 $V_{th}>0$(Enhancement mode, Normally-off)이거나 $V_{th}<0V$(Depletion mode, Normally-on) 값을 가지고 있다.

Enhancement mode(그림 3-17(a))인 경우를 보자. 평상시에는 Normally-off이기 때문에 V_{gs}에 일정 전압을 가해야 채널에 전자들이 모이기 시작해서 Turn-on ready가 되는 전압의 시점을 V_{th}(문턱전압)라 한다. 당연히 nMOS의 경우 V_{th}는 플러스 값($V_{th}>0V$)를 갖는다. 예를 들어 Normally-off mode에서 $V_{th}=+0.5V$를 가해야 Turn-on이 시작된다고 가정하자. 이럴 경우 $V_{th}=+0.5V$이다.

이 의미는 $V_{th}=+0.5V$일 때 V_{gs}에 $+2V$를 걸면 채널에 모이는 전자의 수는 $V_{th}=0V$ 경우 $V_{gs}=+1.5V$를 걸었을 때 채널에 모이는 전자의 수와 같다.

따라서 $V_{ds}=+1.5V$일 때 Pinch-off이 된다. 즉 Pinch-off되는 $V_{ds}(sat)=V_{gs}-V_{th}$이다.

여기서 $V_{ds}(sat)$은 Saturation되기 시작하는 시점의 V_{ds}값이다. (=Pinch-off 지점)

다음은 Depletion mode(그림 3-17(b))이다. $V_{gs}=0V$에서 이미 채널에 전자들이 모여서 전류가 줄줄 흐르고 있다(Normally-on). 이 전자들을 제거 또는 밀어 내기위해서는 V_{gs}에 적절한 마이너스 전압을 가해야 채널로 이루어진 전자들이 멀리 도망 갈 것이다. 따라서 V_{gs}에 마이너스 전압을 가해야 채널의 전자들이 점점 사라지고 Turn-off ready되기 시작한다. 앞서도 강조했지만 **전류가 막 생성되기 시작하는 시점(Enhancement mode 케이스) 또는 전류가 막 사라지는 시점(Depletion mode 케이스)의 V_{gs}값을 V_{th}(문턱 전압)라고 이해하면 된다.**

예를 들어 V_{gs}에 -0.5V를 가해야 Normally-on된 nMOS를 turn-off 할 수 있다고 하자. 즉 $V_{th}=-0.5$V이다. 이 의미는 $V_{th}=-0.5$V에서 V_{gs}에 $+2$V를 걸면 채널에 모이는 전자의 수는 $V_{th}=0$V경우 $V_{gs}=+2.5$V를 걸었을 때 채널에 모이는 전자의 수와 같다.

따라서 $V_{ds}=+2.5$V일 때 Pinch-off가 된다. 즉 Pinch-off되는 $V_{ds}(sat)(2.5\text{V})=V_{gs}(2\text{V})-V_{th}(-0.5\text{V})$이다.

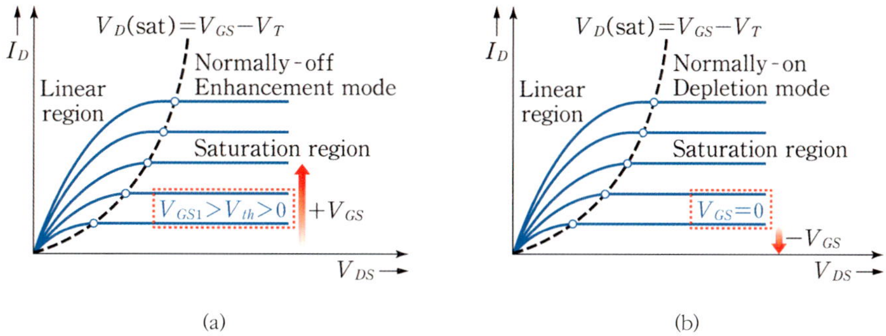

그림 3-17 Normally-off mode(a)와 Normally-on mode(b)에서 Pinch-off전압의 변화

3-3 MOSFET의 측정(Transfer Curve, Transconductance)

Transfer curve

MOSFET의 측정으로 I-V characteristics(or Output characteristics)와 Transfer curve를 통해 많은 정보를 얻는다.

I-V 특성은 I_{ds}(y축)$-$ V_{ds}(x축)으로 그리며 특정 V_{gs}값에 따라 V_{ds}를 변화시키면서 I_{ds}를 측정하는 것이다. (그림 3-17 참조)

Transfer curve는 특정 V_{ds}를 고정하고, V_{gs}(x축)$-$$I_{ds}$(y축)으로 그린다. 예를 들어 $V_{ds}=$ 0.1V를 고정하고, V_{gs}값을 변화 시키면서 I_{ds}를 측정하는 것이다(그림 3-18). Linear region과 saturation region을 나누는 기준은 V_{ds}값이 pinch-off지점(그림 3-17 참조)의 전압보다 작으냐(Linear)(그림 3-18(a)) 아니면 크냐(Sat. 그림 3-18(b))로 결정된다.

그림 3-18에서 x절편(x intercept point)는 V_{th}를 표시하고 transfer curve 기울기에서 transconductance 정보를 얻을 수 있다. V_{th}는 transfer curve의 큰 줄기를 따라 연장선을 그어 x축과 만나는 지점(x절편)이다.

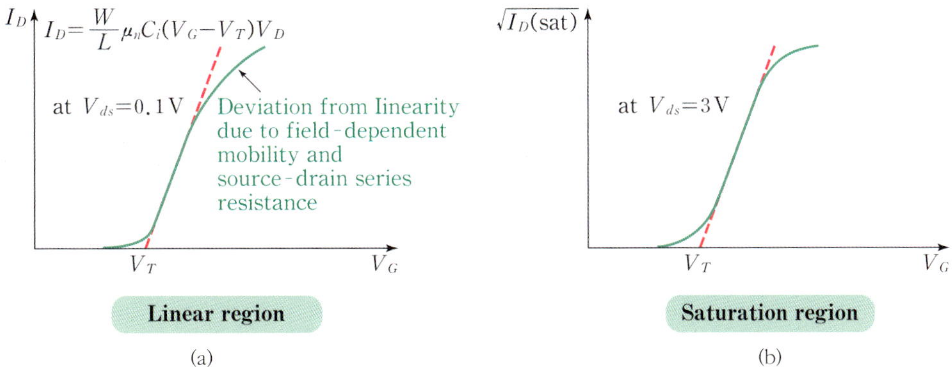

그림 3-18 Linear region(V_{ds} =0.1V)(a)과 Saturation region(V_{ds} =3V)(b)에서 Transfer curve

Transconductance(g_m) at Linear region

Transconductance의 정의는 다음 식과 같다. 그림 3-18(a)를 보면 Linear region을 볼 수 있다.

$$g_m = \frac{1}{R_m} = \frac{\partial I_{ds}}{\partial V_{gs}}$$

위 식의 의미는 그림 3-16에서 보듯이 V_{gs} 변화에 따라 얼마나 많이 I_{ds}가 변하는지 보는 아주 중요한 지수이다. 예를 들어 V_{gs}가 1V 변화할 때 I_{ds}가 1mA 증가하는 것보다 10mA가 증가한다면 아주 훌륭한 MOSFET을 만들었다고 할 수 있다. 즉 input(V_{gs})가 작더라도 output(I_{ds})가 크면 좋은 MOSFET 소자라 할 수 있는데 input(V_{gs})대비 output(I_{ds})을 우리는 transconductance 또는 transistor gain이라 부른다.

Linear region에서 I_{ds}의 관계식은 다음과 같다. 저자는 반도체공학에 나오는 식 대부분은 외울 필요가 없고 물리적의미만 파악하면 된다고 주장하는데 아래 I_{ds}식 정도는 외워 두는 게 좋지 않을까 생각이 든다.

$$I_D = \frac{W\mu_n C_{OX}}{2L}\left[2(V_{gs} - V_{th})V_{ds} - V_{ds}^2\right]$$

위 식을 V_{gs}로 미분을 하면

$$g_{mLinear} = \frac{\partial I_{ds}}{\partial V_{gs}} = \frac{W\mu_n C_{OX}}{L} V_{ds}$$

여기서

$$C_{OX} = k\frac{A}{d}$$

그럼 linear region에서 g_m 즉 transistor gain을 키우려면 어떻게 해야 하는지는 pg.196에서 설명했지만 다시 한번 설명하겠다. 결국 위 식에서 모두 말해준다.

1. L을 줄인다. L은 channel length이다. 줄이면 short channel effect가 생겨 무조건 줄일 수는 없다.

2. W를 키운다. 많은 캐리어를 유기(induce)하기 위함인데, FinFET이나 GAA 등과 같은 입체적인 구조를 이용하여 W를 키우는 것과 같은 효과를 얻을 수 있다.

3. 이동도의 경우 Si는 이미 결정되어 있어 개선의 여지가 없다. (전자의 이동도 μ_e : 1350, 홀의 이동도 μ_h : 490 cm^2/Vsec) 하지만 최근에는 Si에 strained SiGe을 channel로 대체하거나 Source, Drain 양쪽에 추가하여 이동도 극대화를 시도하기도 하였다.

4. C_{ox}는 $Q_n = C_{ox}V_{ds}$의 관계식에서 Q_n과 직접 연관이 있다. C_{ox}를 크게 하려면 gate oxide 두께(d)를 줄이면 되는데 이럴 경우 작은 전압에도 gate oxide에 큰 전기장(E-field)이 걸려 gate oxide의 breakdown이 생길 수 있다. 따라서 SiO_2(유전상수 k=3.9)

gate oxide 대신 유전상수(k)가 25인 HfO(하프늄옥사이드)를 사용하면 gate oxide 두께를 늘려 breakdown을 늦출 수 있고 큰 유전상수(k=25)로 더 많은 전자들을 gate oxide interface로 끌어올 수 있다.

Transconductance(g_m) at Saturation region

그림 3-17을 보면 saturation 지역을 볼 수 있다. Pinch-off 이후의 전기적 특성을 나타낸다.

먼저 Saturation지역에서 I_{ds}의 관계식은 다음과 같다. 아래 식도 외워두면 좋겠다.

$$I_{ds}(sat) = \frac{W\mu_n C_{OX}}{2L}(V_{gs} - V_{th})^2$$

위 식을 V_{gs}로 미분을 하면

$$g_{msat} = \frac{\partial I_{ds}(sat)}{\partial V_{gs}} = \frac{W\mu_n C_{OX}}{L}(V_{gs} - V_{th})$$

우리는 pg.202와 pg.203의 g_m식에서 차이를 발견할 수 있다.

Saturation 지역의 g_m은 V_{gs}의 변화에 따라 값이 변하고 Linear 지역의 g_m은 V_{ds}의 변화에 따라 값이 변하는 것을 알았다.

물리적으로도 V_{ds} 전압값이 Pinch-off지점(그림 3-17 참조)보다 작을 때(Linear region)는 채널이 저항성분(R)처럼 행동하여 V_{ds}를 가한 만큼 I_{ds}도 증가한다. $V_{ds} = I_{ds}R$

V_{ds} 전압값이 Pinch-off지점(그림 3-17 참조)보다 클 때 즉, Saturation region에서는 V_{gs} 전

압을 키워 채널의 파이프 라인(V_{gs}가 크면 전자를 더 많이 유기해서 채널 파이프라인 굵기도 커짐)을 굵게 하면 I_{ds}도 증가한다.

그리고 V_{gs} 이외에 다른 방법으로 g_m를 증가시키기 위해서는 Linear region과 같은 방식으로 L, W, 이동도, C_{ox} 값을 증가하여 I_{ds}값을 증가시킬 수 있다.

Channel modulation: 유효 채널 length가 줄면 전류(I_{ds})가 증가?

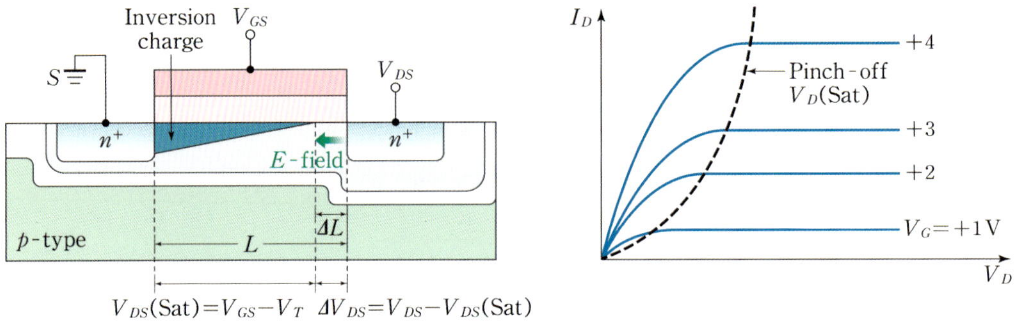

그림 3-19 nMOSFET에서 + V_{ds} 증가로 channel length(L)가 줄어드는 현상

그림 3-19은 nMOSFET에서 + V_{ds} 전압이 증가하면 Drain n^+와 p-type Sub.간의 역바이어스가 점점 증가하면서 공핍층(Depletion region)도 점점 확장된다. + V_{ds} 증가에 따른 공핍층의 확대는 Channel length(L)를 줄어들게 만드는 결과를 가져와 유효 채널길이(effective channel length)는 $L-\Delta L$이 된다. 여기서 ΔL은 V_{ds} 증가로 인한 공핍층 증가이다.

그런데 만약 L이 long channel이라고 가정하자. 예를 들어 L이 100μm라고 가정하자.

+ V_{ds} 증가로 공핍층이 증가하면서 ΔL 값도 0.5μm 정도 생기면 최종 유효 채널 길이는 $100-0.5=99.5\mu$m이 되며 최종 채널 길이의 변화가 그렇게 크지 않아 I_{ds} 값에도 큰 영향

을 주지 않는다. 정확히 표현하면

$$I_{d(Vsat+)} = \left(\frac{L}{L-\Delta L}\right) I_d$$

위 식에 의하면 (100/(100－0.5))로 I_{ds}의 변화는 1.005정도 증가하는 것을 알 수 있다. I_{ds} 값이 거의 변하지 않는다.

하지만 그림 3-20과 같이 channel length가 1μm인 MOSFET소자인 경우는 얘기가 달라진다.

V_{ds}증가로 공핍층이 증가하면서 ΔL 값이 0.5μm 정도 생기면 최종 유효 채널 길이는 1－0.5＝0.5μm이 되며 최종 채널 길이의 변화가 50%로 줄면서 I_{ds}의 변화가 크게 일어난다.

산술적으로 계산하면 (1/(1－0.5))＝2 즉 I_{ds}가 2배 증가한다는 뜻이다.

위 예는 극단적인 예를 들었지만 V_{ds} 증가로 공핍층이 증가하면서 유효 채널 길이가 줄어 든다. Long channel의 경우 I_{ds}에 큰 영향을 주지 않지만 short channel의 경우 I_{ds}에 큰 영향을 주어 I-V 특성에 변화가 생긴다(그림 3-20 빨간선). 우리는 이것을 positive slope이라 부른다. (그림 3-20 참조)

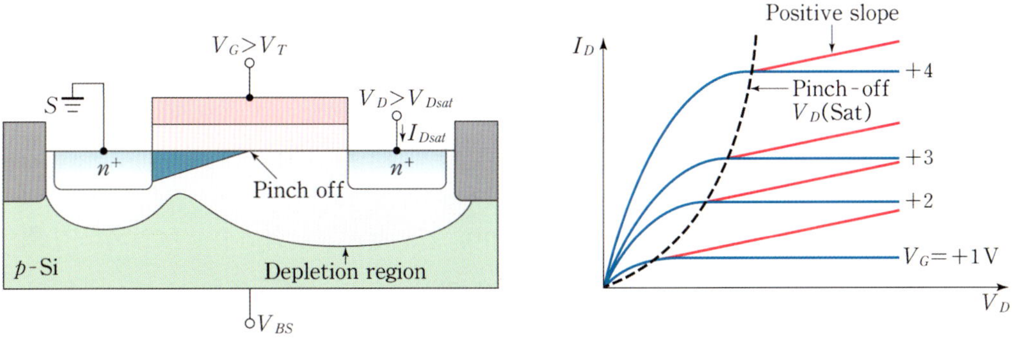

그림 3-20 short channel length MOSFET의 경우 V_{ds} 증가로 유효채널길이 감소에 따른 I-V 특성변화

3-4 Short Channel Effect(SCE) 개념 잡기

Short Channel인지 Long Channel인지의 구분은 명확히 없다. 하지만 몇가지 아래 특성(effect)들이 나오는 MOSFET을 short channel이라 부르고 대략 channel length가 1um(1000nm) 이하부터 short channel effect가 나오기 시작한다.

> **정리**
>
> Short channel effect 특성
> 1. DIBL(Drain Induced Barrier Lowering)
> 2. Punch Through
> 3. Hot Carrier effect
> 4. Velocity saturation
> 5. V_{th} roll off

DIBL(Drain Induced Barrier Lowering) 효과

DIBL을 정의하면 Drain전압에 의해 에너지 밴드갭 장벽(Barrier)이 낮아지면서(Lowering), 전자들이 급격하게 증가하여 많은 전류(I_{ds})가 흐르는 현상이다.

그림 3-20의 그림을 다시 한번 리뷰하자. Drain(n^+)에 $+V_{ds}$를 걸면 p-n 다이오드에 역바이어스(n지역에 +전압이 걸림) 걸린 것과 같은 현상(그림 3-21(c) 참조)이 일어나는데 여기서 $+V_{ds}$를 더 증가시키면 전기장(E-field)도 증가하면서 공핍층(Depletion region)이 점

점 Source쪽으로 확대된다(그림 2-16 참조). 공핍층은 Source와 Drain사이의 채널(L)을 잡아먹으면서 유효 채널 길이($L-\Delta L$ 그림 3-19 참조)도 줄어들게 된다. 그림 3-21(b)처럼 만약 채널 길이가 아주 짧은 경우 $+V_{ds}$가 커지면서 공핍층이 Source 바로 전까지 확대되고 강력한 E-field는 에너지 밴드갭까지 휘게 만들면서 그림 3-21(d)와 같이 Source와 gate사이의 Conduction band 에너지 장벽까지 낮추게 된다(V_{th}값도 작아짐).

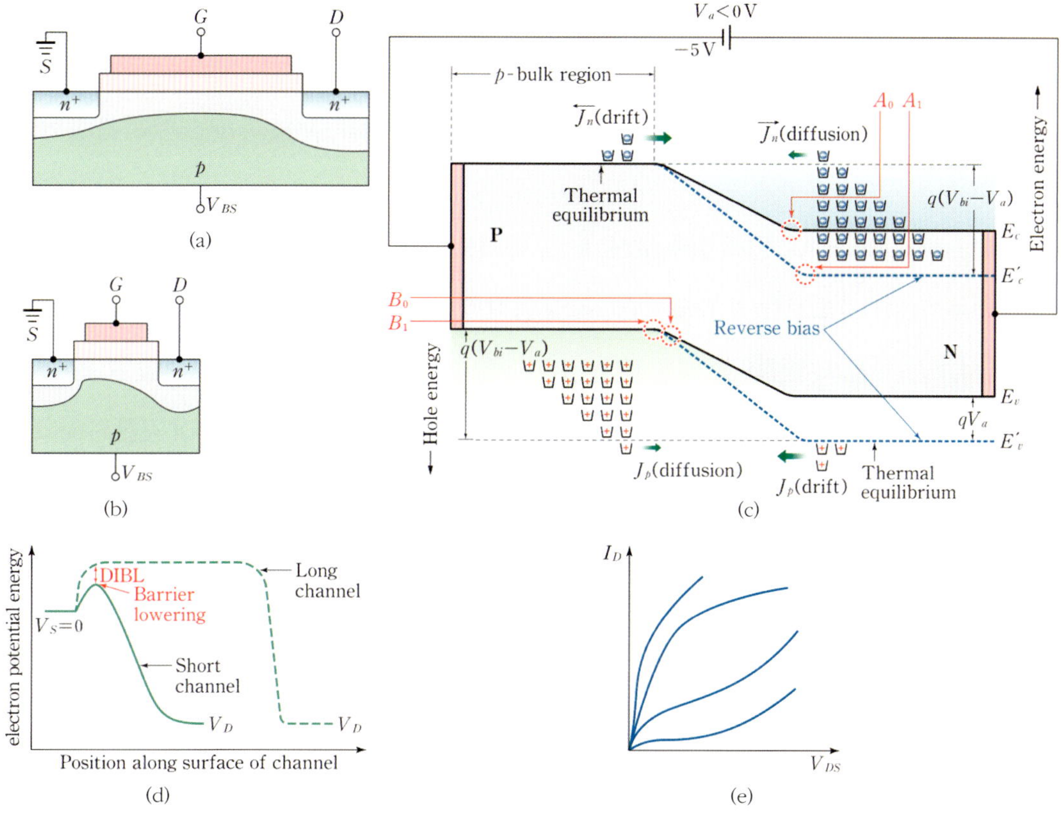

그림 3-21 Long channel MOSFET(a), Short channel MOSFET(b), 역바이스가 걸린 p-n 다이오드: n지역에 +전압이 걸리면서 E-field에 의한 Conduction band 에너지 준위가 더 낮아지는 것을 볼 수 있다(c), long channel과 short channel의 에너지 준위 변화 비교. Short channel의 경우 $+V_{ds}$로 인한 강력한 E-field($=V_{ds}/L$)는 더 쉽게 에너지 장벽을 낮추어 준다(d), Short Channel MOSFET의 I-V특성, DIBL로 인해 전류가 급격하게 오르는 것을 볼 수 있다(e).

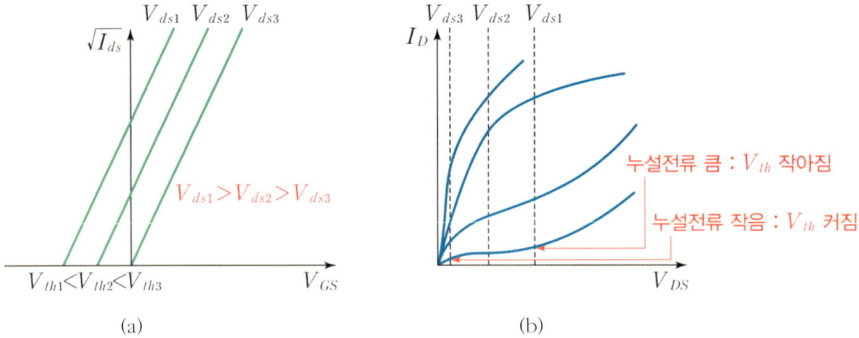

그림 3-22 Short channel MOSFET에서 V_{ds}값이 커짐에 따라 V_{th}값이 작아짐(V_{th} roll-off)

Source쪽 전자들은 Source와 Gate 사이 낮아진 에너지 장벽(Barrier lowering)을 통해 급격하게 Drain으로 이동하게 되는데 모두 E-field에 의한 Drift current가 흐르게 된다. **DIBL의 문제점은 short channel로 인해 아주 낮은 + V_{ds}에서도 에너지 장벽 lowering에 의해 leakage current(누설전류)가 흐르는 것(Depletion mode 동작)이고 + V_{ds} 변화에 따라 Transfer curve[2]를 측정해보면 V_{th}값이 변화되는 것을 볼 수 있다(그림 3-22). 낮은 + V_{ds}(V_{ds3})보다 높은 + V_{ds}(V_{ds1})에서 V_{th}값이 더 낮아진다(그림 3-22(a)). 즉 낮은 + V_{ds}보다 높은 + V_{ds}(더 강한 E-field 형성)에서 더 많은 누설 전류가 흐르면서 Turn-on이 더 일찍 시작하기 때문에 V_{th}값도 낮아지게 된다**. 그림 3-22(b)는 그림 3-22(a)를 좀 더 쉽게 보여주는 그림인데 I-V 특성에서 하나의 V_{ds}값(V_{ds1}, V_{ds2}, V_{ds3})을 잡고 수직으로 선을 그어서 만나는 점들을 모아서 그린 그림이 그림 3-22(a)이다. 따라서 낮은 V_{ds}값(V_{ds3})보다 높은 V_{ds}값(V_{ds1})에서 I-V특성을 봐도 누설전류가 높은 것을 볼 수 있고 이것은 V_{th}값도 낮다는 것(더 많은 누설전류가 흐름)을 의미한다.

2) Transfer curve: 특정 V_{ds}에서 V_{gs} 변화(x축)에 따라 I_{ds}(y축)의 변화

Tip V_{th} roll-off : short channel로 강력한 E-field가 생기고 DIBL도 생기면서 누설전류도 증가하게 되면서 MOSFET이 점점 depletion mode화가 되면 자연스럽게 V_{th}도 감소(미리 Turn on됨)하게 되는데 이것을 우리는 V_{th} roll-off(감소)라고 한다(그림 3-22 ($V_{th3} \rightarrow V_{th1}$), 그림 3-28(b)에서 빨간화살표처럼 떨어지는 현상).

Punch Through

Punch through 현상도 DIBL과 아주 유사하다. 솔직히 transfer curve나 I-V특성을 보았을 때 DIBL효과인지 punch through효과인지 구분하기 어렵다. DIBL과 Punch through의 차이점은 DIBL은 그림 3-21(d)처럼 nMOS의 경우 $+V_{ds}$가 커짐에 따라 Drain(n^+)에 역바이어스가 걸리고 역바이어스에 따른 E-field가 Conduction band 에너지 준위를 낮추면서 채널의 길이가 짧다 보니(short channel) Source쪽의 Conduction band의 에너지 장벽까지 낮추게 되어 전자가 급격하게 Drain쪽으로 빨려 들어가는(E-field에 의한 Drift current) 현상이다.

Punch through는 DIBL이 좀 더 진행되면서 생기는 현상인데 Drain 쪽의 공핍층이 $+V_{ds}$의 증가로 점점 Source쪽으로 확대되다가 Source쪽 공핍층과 만나게 되면 **더 이상 에너지 장벽(그림 3-21(d)에서 Source쪽 에너지 장벽(barrier))이나 유효 채널은 사라지고 채널을 거치지 않고 바로** 100% 순수한 E-field에 의해 전자가 Drain쪽으로 빨려 들어가게 된다(그림 3-23(b)의 Punch through line).

아래 그림 3-23을 보자.

nMOS에서 Drain(n^+)에 +전압을 걸어보자 그리고 Source(n^+)는 그라운드(0V)로 잡는다($+V_{ds}$). 이 상황에서 Drain n^+와 p-body는 p-n 다이오드에서 역바이어스가 걸린 것처럼 보인다. 따라서 공핍층(Depletion region)이 형성된다. Source(n^+)쪽에서도 공핍층이 형성되는데 0V로 잡힌 Source(n^+)와 p body는 p-n 다이오드에서 순바이어스가 걸린 것처럼 보인다. 순바이어스에서도 공핍층은 생긴다. 따라서 Drain(n^+)지역과 Source(n^+)지역 모두 p-body로 인해 공핍층이 형성된다.

문제는 여기서부터다. $+V_{ds}$값을 점점 올리면 역바이어스가 걸린 Drain쪽 공핍층은 점점 확대된다. 하지만 Source(n^+)쪽은 순바이어스가 걸려 공핍층의 변화는 미미하다. 그림 3-23(a)는 $+V_{ds}$ 증가에 따라 Drain쪽 공핍층이 점점 확대되어 가는 모습을 보여주고 있다. p-body의 도핑 농도가 낮을수록 공핍층 확대는 더 빨리 진행된다. $+V_{ds}$가 증가한다는 것은 E-field도 증가하기 때문에 강력한 E-field는 Conduction band 에너지까지 낮추면서 Source쪽 Conduction band의 에너지 장벽까지 낮추게 된다(DIBL 현상). 여기서 더 $+V_{ds}$를 가하게 되면 드디어 Drain쪽 공핍층과 Source쪽 공핍층이 서로 만나게 되는데 이런 현상

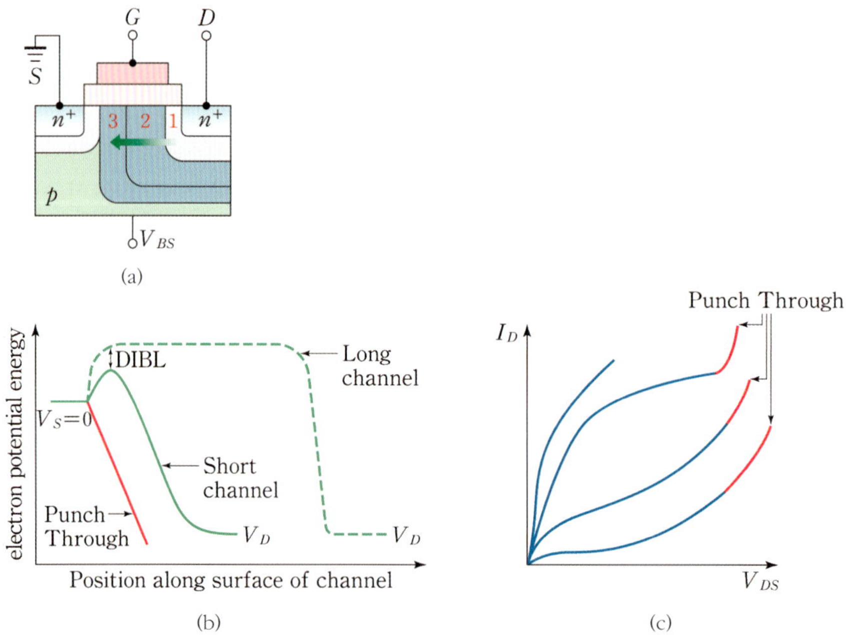

그림 3-23 Punch through: $+V_{ds}$ 증가에 따른 Drain쪽 공핍층 확대(1→2→3)로 Source쪽 공핍층과 만나는 현상

을 Punch through되었다고 한다. 물론 전자의 흐름은 제어가 불가능할 정도로 급격하게 올라가 Breakdown에 가깝게 된다. **Punch Through를 방지 할 수 있는 방법은 원인을 정확히 이해하면 그 해결 방법도 나온다. 원인이 Drain쪽에서 생기는 공핍층이 + V_{ds} 증가에 따라 확대되어 Source쪽 공핍층과 만나는 것이니까 Drain쪽 공핍층 확대를 지연시키면 된다. p-n 다이오드에서 도핑농도가 높으면 공핍층 폭(W)이 좁아지는 것을 배웠으니 여기에서도 p-body의 농도를 높이면 공핍층의 확대를 지연시킬 수 있다는 것이 하나의 방법이지만 p-body의 농도를 마냥 높이면 minority carrier인 전자의 수가 줄게 된다**(기억나는가? $n_0p_0 = ni^2$ 하나의 농도가 높으면 나머지는 농도가 낮아지는 공식(Chapter 1)). 그럴 경우 + V_{gs}에 상대적으로 소수의 전자들이 유기(induce)되어 전류를 많이 생성할 수 없다. 하나의 변수를 바꾸면 장점도 있지만 단점도 생기기(trade-off) 때문에 무조건 하나의 해결책만 있는 것이 아니고 다른 부작용은 없는지 잘 따져봐야 한다. 반도체 산업체에서는 그래서 TCAD- Silvaco와 같은 Device simulator를 통해 소자의 최적화를 한다.

Hot Carrier 효과

Hot carrier라고 이름만 거창하게 만들었지 근본은 p-n 다이오드에서 avalanche breakdown과 비슷한 현상이다(섹션 2-8 참조). 결국 avalanche breakdown도 강한 역바이어스 즉 강한 E-field 때문에 생기는 현상이기 때문에 채널 길이가 짧은 short channel에 기본적으로 강한 E-field가 걸릴 수 밖에 없다(E-field = V_{ds}/L).

그림 3-24를 한번 보자.

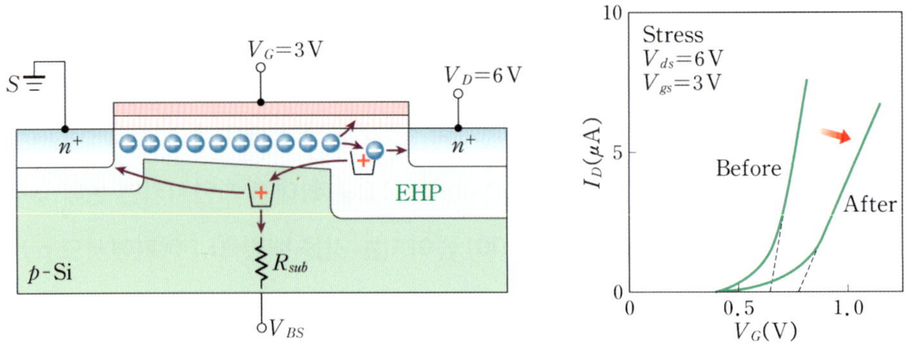

(a) (b)

그림 3-24 short channel nMOS에서 $+V_{ds}$에 따른 hot carrier가 생기는 현상(a), Hot carrier인 전자가 gate oxide로 박히면서 gate oxide의 극성이 negative화 된 후 transfer curve측정(After)하면 전류가 감소하는 현상이 생긴다.

그림 3-24는 V_{ds}에 +6V, V_{gs}에 +3V를 걸었다(실제로 short channel MOSFET에서 6V씩 걸지 못한다. 하나의 example이다). short channel이기 때문에 작은 $+V_{ds}$를 걸더라도 E-field의 세기는 커질 수 밖에 없다(E-field= V_{ds}/L). 특히 Drain 쪽 공핍층에 6V가 걸려있기 때문에 Source 쪽(0V) 공핍층보다 훨씬 큰 E-field를 받고 있고 Drain이 n^+라 p-n 다이오드에서 강력한 역바이어스가 걸린 것과 같다. Drain 가까이 있는 채널끝 pinch-off되는 부근의 전자들은 강력한 E-field 에너지를 받아 2가지로 나뉘는데 첫째는 gate oxide로 바로 박히는 전자들이고 둘째는 Avalanche현상과 같이 공핍층 내의 ion(섹션 2-8 참조)을 때려 새로운 EHP(Electron-Hole Pair)를 만들고 여기서 새로 생긴 전자는 +가 걸려있는 Drain으로 빠지거나 gate oxide로 박히게 되어 gate oxide의 극성이 점점 마이너스 극성(negative)화 된다. 한편 EHP 중에 새로 생긴 홀들은 Source(0V)로 빠져나가거나 substrate에 전압이 걸린 경우(보통은 마이너스 전압을 건다) substrate로도 빠져 나간다. 이렇게 강력한 E-field로 인해 새로 생긴 EHP는 큰 에너지를 가지고 있어 Hot carrier라고 부르고 이 Hot carrier 때문에 여러 가지 문제점이 생기게 된다.

가장 큰 문제점은 gate oxide로 박힌 전자들인데 일단 gate oxide로 hot electron이 박히기 전과 박힌 후의 가장 큰 차이점은 박힌 후에 gate oxide의 극성이 oxide 내에 전자(−극성)를 품고 있어서 negative화 된다는 것이다. 이럴 경우 $+V_{gs}$를 걸면 gate oxide의 박힌 전자(전류에 기여를 못함)의 양을 뺀 나머지 전자들이 채널로 유기되어 전류(I_{ds})를 발생시키기 때문에 gate oxide에 박힌 전자의 수만큼 전류(I_{ds})도 감소하게 된다($Q_m = Q_i + Q_s$). (그림 3-24(b) 참조)

이런 문제의 근본적인 이유는 같은 $+V_{ds}$를 걸더라도 채널의 길이가 짧다 보니 채널에 걸리는 전기장(E-field)이 강해지기 때문이다.

Tip

Q_m: Gate 전압에 의한 전하량
Q_i: gate oxide 내에 존재하는 전하량
Q_s: gate oxide interface로 몰려든 전하량(실제 전류(I_{ds})에 기여)

Gate oxide에 전자(−극성)가 10개가 박혀 있다고 가정하자.

+gate전압으로 Q_m에 +100이 모여 있다면 Q_s는 90개의 전자만 모이면 된다.

이미 gate oxide에 전자가 10개가 있으므로

$Q_m = Q_i + Q_s \Rightarrow 100 = 10$(gate oxide에 박힌 전자는 I_{ds}에 기여 못함)+90(채널에 모인 실제 전자, I_{ds})

만약에 gate oxide에 박힌 전자가 없다면 $Q_s = 100$이 될 것이다.

따라서 gate oxide에 전자가 박히기 전(before)과 비교하면 박힌 후(after)에는 전류(I_{ds})가 줄어든다(그림 3-24(b)).

Velocity saturation

Velocity saturation도 결국은 원인이 short channel 때문에 굉장히 크게 걸린 E-field 때문에 생기는 현상이다. Velocity saturation의 정확한 의미는 전자의 속도가 증가하지 못하고 saturation되어 더 이상 증가하지 못한다는 뜻이다. Chapter 1의 섹션 1-10에 보면 $v = \mu E$ 식을 볼 수 있다. E-field가 커지면 carrier velocity(v)가 커지는데 일정 이상의 E-field에서는 saturation되어 더 이상 증가하지 않고 GaAs의 경우는 오히려 줄어드는 현상을 아래 그림을 통해 알 수 있다.

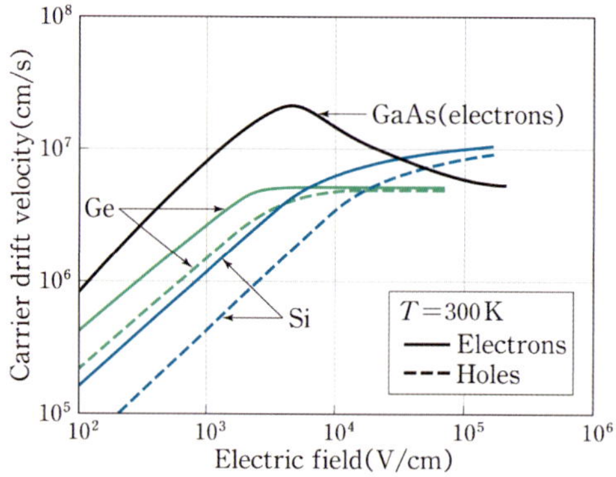

그림 3-25 E-field 증가에 따라 캐리어의 drift velocity

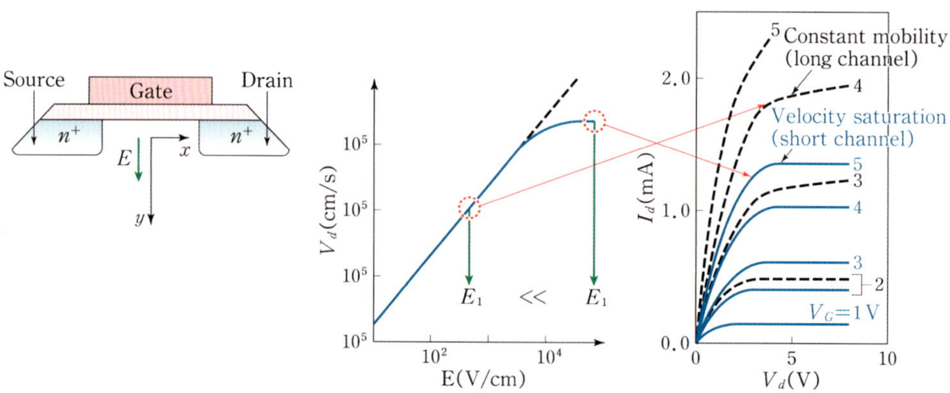

그림 3-26 short channel로 인해 E-field(E_x)의 증가로 전자의 속도(velocity)가 더 이상 증가 못하면서 I_{ds}에 미치는 영향

전류(I_{ds})를 키워도 모자랄 판에 short channel로 인해 피할 수 없는 강력한 E-field로 인해 전자의 속도가 증가하지 못해 결국 전류의 감소(그림 3-26 참조)까지 생기는 현상은 우리가 원하는 방향이 아니다. 따라서 이번 velocity saturation문제도 결국은 E-field 때문에 생기는 현상이다.

참고로 Chapter 1의 섹션 1-10을 보면 아래와 같은 식을 볼 수 있다.

$$J_{e-drift} = -qnv = -qn(-\mu_e E) = qn\mu_e E$$

E가 점점 커지면 J(전류밀도)도 커지는 것이 당연한데 일정 이상의 E값에는 v값이 더 이상 증가하지 않아 결국 전류값(J)이 E의 증가에 못 따라 가면서 아주 높은 E값에는 오히려 J값이 감소하게 된다.

3-5 Short Channel Effect(SCE) 해결 방법

Short channel은 우리가 피할 수 없는 숙명이다. Short channel effect를 없애고자 다시 채널 길이(channel length)를 키우는 것은 지금 반도체 산업 trend와 반대 방향으로 가기 때문이다.

Short channel의 근본적인 문제는 채널 내부에 생기는 강력한 E-field이다. 이 E-field로 지금까지 설명한 여러 가지 문제가 생긴다. 그럼 어떻게 해결할까?

2종류의 해결 방법을 설명하겠다. 하나는 LDD이고 또 하나는 Halo 공정을 추가하는 것이다.

두가지 공정의 장점과 단점에 대해서 설명을 하고자 한다.

LDD(Lightly Doped Drain)

LDD 방법은 hot carrier를 감소시키기 위한 방법이다. 즉 E-field의 세기(strength)를 감소시켜 avalanche breakdown이 일어 날만큼의 high E-field를 만들지 않는 것이다.

아래 그림을 보면 LDD 구현 방법과 왜 E-field가 감소하는 지 알 수 있다.

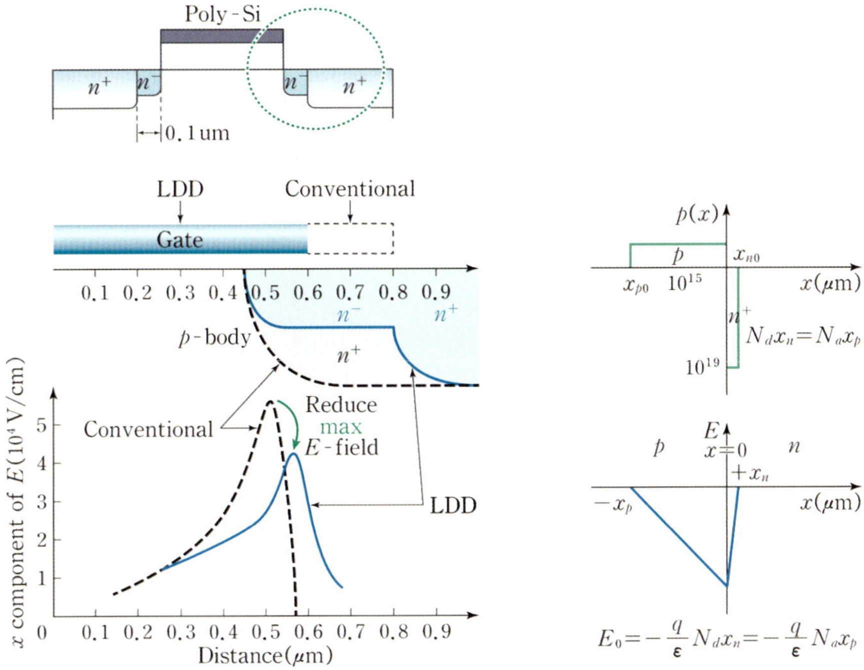

그림 3-27 LDD 구조 및 LDD로 인한 E-field 세기(strength)의 감소

구현 방법은 Ion-implantation방법으로 n^+지역과 channel 사이에 n^-도핑을 추가하는 것이다.

n^-를 추가하면서 p-body와 n^-LDD 사이에 생기는 E-field의 최고치(E_0)는 기존의 p-body와 n^+사이에 생기는 E-field의 최고치(E_0=max. strength)에 비해서 감소하게 된다. 왜냐하면 n^+의 농도는 적어도 $\sim 10^{20}cm^{-3}$ 정도의 농도인 반면 n^-의 경우 농도는$\sim 10^{16}cm^{-3}$ 정도의 농도로 아래 식을 대입해 풀어보면 Max. E-field(E_0)값은 작아지게 된다.

$$E_0 = -\frac{q}{\varepsilon}N_d x_n = -\frac{q}{\varepsilon}N_a x_p$$

이렇게 short channel로 인한 강력한 E-field의 발생은 LDD공정을 추가하면서 어느정도 줄일 수는 있다. 하지만 LDD의 단점은 Source하고 Drain 사이의 저항 성분이 커지고 공핍층의 폭도 상대적으로 더 확대되는 것이다. LDD없이는 Source에서 Drain까지 n^+ : 채널 : n^+로 구성되어 있으나 LDD를 추가하면 n^+ : n^- : 채널 : n^- : n^+로 바뀌면서 양쪽 n^-의 저항 성분을 느끼게 되어 전류(I_{ds})가 감소 현상이 일어나 LDD를 어떤 식(농도, 폭)으로 삽입을 해야할지 신경이 많이 쓰이는 공정이다. 우리는 가능한 전류(I_{ds})를 높이기 위해 short channel로 왔는데 short channel로 생기는 High E-field를 줄이기 위해 LDD를 사용했으나 결국 다시 전류(I_{ds})가 줄어 든다는 것은 참 아이러니 하다.

완벽한 솔루션은 없다. 다만 Device simulation program을 이용해서 최적화를 해야할 뿐이다.

Halo(or Pocket implants) 공정

DIBL이나 Punch-through를 지연시키는 방법 중에 Halo 공정이 있다. Halo공정은 LDD를 좀 더 개선한 공정이라 할 수 있다. Halo는 성모마리아나 예수 그림을 보면 머리 뒤에 보이는 둥근 후광을 말하는 거다. MOSFET에 Halo라고 이름을 붙인 것은 생긴 모양이 성모 마리아상 후광과 비슷하여 이렇게 이름을 붙인 것 같다.

LDD의 장점은 Max E-field의 크기를 낮추어 hot carrier 생성을 줄여주는 것이지만 단점은 n^-층의 삽입으로 채널 전체 저항성분도 커지지만 n^-로 생기는 공핍층의 폭이 기존 n^+의 공핍층의 폭에 비해 훨씬 넓어지기 때문에 Punch-through 즉 Drain쪽 공핍층이 더 신속히게 Source쪽 공핍층과 만나게 되면서 Punch-through가 쉽게 생긴다. 이 문제를 해결하는 방법으로 Halo 공정을 추가하는 것이다. 공정은 아래 그림과 같이 간단하다.

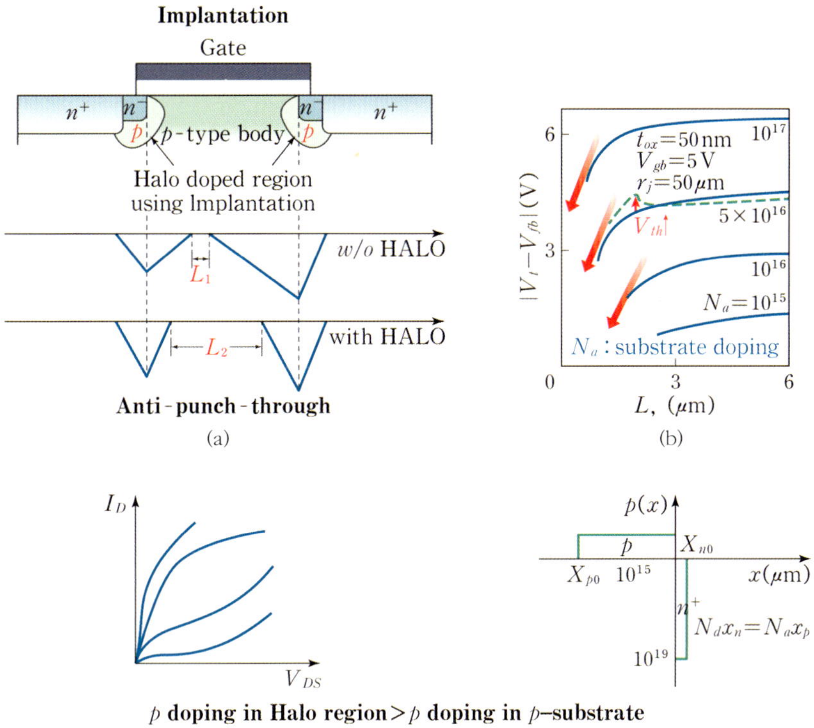

그림 3-28 Halo 공정이 없을 때(w/o HALO)와 있을 때(with HALO)의 공핍층 진행 속도의 차이(a)와 V_{th} 값의 증가(b)

Halo공정에 들어가는 p의 농도는 p-body(substrate)의 농도보다 높게 해야 한다. 예를 들어 p-body의 농도가 $10^{15}cm^{-3}$이면 Halo의 p농도는 $10^{17}cm^{-3}$ 정도가 되어야 한다. **LDD의 주목적은 High E-field를 Low E-field로 낮추어 hot carrier가 생기는 것을 방지하는 것이지만 Halo의 주목적은 Drain쪽 공핍층 폭을 줄여서 V_{ds}가 증가하더라도 진행속도를 느리게 해서 DIBL이나 Punch-through를 지연시켜 준다.**

LDD는 Drain쪽에 n^-와 p-body와의 공핍층 형성이기 때문에 도핑 농도가 낮은 p-body쪽으로 상당히 넓게 공핍층이 형성되고 V_{ds} 증가로 더 넓게 확대되어 Source 공핍층으로 진행되지만 Halo의 경우는 LDD의 n^-와 Halo의 p지역($\sim10^{17}cm^{-3}$)과의 공핍층만 형성이기 때문에 p지역(Halo)으로 공핍층의 폭이 Halo가 없는 경우의 p-body보다는 좁게 형성이 된다

(그림 3-28(a)).

따라서 Halo[3]의 V_{th} 값도 LDD만 있을 경우와 비교해서 좀 더 높은 값을 가진다(그림 3-28(b) 내 V_{th}가 올라가는 초록색 점선 참조). Short channel에서 V_{th}가 높다는 의미는 Source쪽 전자가 Drain으로 쉽게 못 넘어간다는 뜻이다. Gate에 낮은 전압이거나 아니면 아예 걸지도 않은 상태(V_{gs}~0V)에서 Drain에 $+V_{ds}$를 걸어 short channel로 인해 High E-field(E$=V_{ds}/L$: L=short channel)가 걸리면 Gate-Drain의 Conduction band를 낮추게 할 뿐만 아니라 Gate-Source의 Conduction band도 낮추어 에너지 장벽(barrier)이 낮아지면서 Source의 전자가 아주 쉽게 Drain으로 빠져 나가면서 V_{th}값이 낮게 형성이 된다. 하지만 같은 Gate전압이라 하더라도 Halo를 삽입하면서 $+V_{ds}$에 의해 Conduction band 낮추는 것이 쉽지 않으면 Source쪽 전자들이 쉽게 Drain으로 빠져 나가지 못해 Gate전압($+V_{gs}$)를 더 올려야 Gate-Source 에너지 장벽을 낮춰지고 Source쪽 전자들이 Drain으로 빠져 나가기 때문에 V_{th}값은 높아진다.

참고로 그림 3-28에서 Source쪽 공핍층 폭이 Drain쪽 공핍층 폭보다 좁은 이유는 Drain쪽은 역바이어스(n^+에 높은 drain전압, 예를 들어 $V_{ds}=5V$, p-body는 5V보다 낮은 전압 ⇒ 역바이어스)가 걸려있는 반면 Source쪽 n^+지역에는 순바이어스(p-body는 5V보다 낮은 전압, Source는 0V=순바이어스)로 인해 공핍층의 폭은 좁다. (섹션 2-5를 참조)

3) Halo: "해일로"라고 발음하기도 하고 그냥 "할로"라고 발음하는 사람들도 있다.

부록

임원(인성) 면접은 어떻게 준비해야 하나?

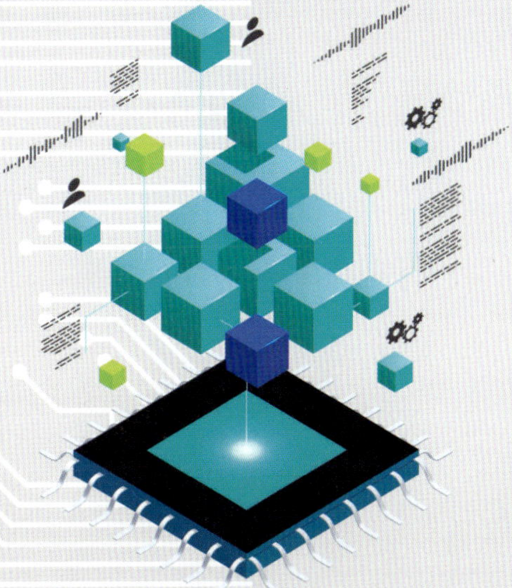

임원(인성) 면접은

앞으로 같은 회사에서 일할 신입사원이 조직에 적응을 잘하고 회사와 조직원의 성장을 위해 면접자가 가지고 있는 능력과 평소 생각 그리고 인성이 어떤지를 알아보는 시험

임원(인성) 면접은 공평한가??

주위에서 보면 기술(PT)면접에 답을 제대로 못하고 인성면접도 잘 못봤는데 국내 대기업에 붙었다라는 말을 들을 때 내가 과연 인성면접을 위해 따로 시간내어 준비해야하나??

답 그래도 해야 한다. 위 경우는 아주 특별한 경우(로또)라 더 소문이 잘 퍼진다. 과연 위와 같은 경우가 10번 중 5번이 넘나?

면접장 상황

2~3명의 면접관(3명 중 가운데 사람이 가장 상관)

1. 면접관 노트북에 지원자의 정보와 준비된 예상 질문

2. 지원자 정보: 학교 성적, **과거 지원여부**, 특이 이력사항, 자기소개 등

3. 면접후, 5단계 정도로 나누어 평가한다고 보면 된다(반드시 뽑아야 한다, 가능한 뽑아야 한다, 회사의 여건을 보고 뽑는다, 가능한 뽑지 않을 것을 추천, 절대 뽑아서는 안 된다).

면접관

면접관의 성향

1. **적극형**: 좋은 인재를 뽑기위해 적극적으로 면접에 임하는 형

2. **소극형**: 면접자 얼굴도 보지 않고 서류만 쳐다 보는 형

3. **신경질형**: 면접자의 단점만 찾기위해 면접에 임하는 형(압박면접)

역지사지

여러분이 면접관이라면 어떤 사람을 뽑을까요?

1. 학벌 좋고 똑똑한 친구

2. 사회 정의를 위해서 몸을 던질수 있는 친구(돈키호테)

3. 한번 편 주장을 굽히지 않는 친구

4. 항상 다른 사람 설명에 반론과 자기 의견을 확실히 던지는 친구

5. 조직을 위해 묵묵히 자기 일에 최선을 다하고 상사가 시키는 일에 솔선수범 하는 친구

6. 조직 적응력이 뛰어나고 항상 긍정적인 생각을 가진 친구

⇒ **만약 1, 2, 3, 4번과 같은 성향을 가진 지원자라면 면접관은 불합격시킬 확률이 높다. 면접관 입장에서는 학벌 좋고 똑똑한 지원자도 좋지만 능력이 약간 떨어지더라도 긍정적이고 조직 적응력이 좋은, 함께 일할 수 있는 지원자를 뽑아 사내 교육을 받으면 된다고 생각할 것이다.**

면접자의 태도

1. 자세는 흐트러짐 없이 예의 바르게 자세를 취한다.
   (조금이라도 어른(면접관) 눈에 건방져 보이는 자세는 아무리 기술 면접을 잘 봐도 탈락 확률이 높다)

2. 인상을 많이 본다.
   (일단 밝은 인상을 줄 수 있도록 단정한 머리정리와 밝은 인상을 한다) ⇒ 평소 짬을 내서 운동하라.

3. 어른들 눈에 기특하게 보이게 묻는 질문에 답한다.
   (면접관 얘기시 긍정적 반응을 보여주고 맞장구를 쳐준다)

4. 미리 준비한 것처럼 부자연스러운 대답은 탈락 확률이 높다.
   (준비한대로 외워서 말한다면 탈락, 몇 개 키워드만 기억하고 면접 분위기에 맞게 살을 붙여서 자연스럽게 말한다)

자주 물어보는 면접 질문 유형

- 1분 자기 소개(절대 준비한대로 부자연스럽게 얘기하면 안되고 내가 얘기하고 싶은 몇 개의 키워드만 외우고 현장의 분위기에 맞게 자연스럽게 말한다)
- 1분 자기소개(약간 독특하게 보이고 면접관이 미소를 지을수 있도록 개성있게) 분위기 화기애애하게 만들면 좋다. **자기소개시 너무 억지스럽고, 형식적으로 준비한 것 처럼 보이면 마이너스.**

  ex 부모님이 평생 소원하셨고 저도 평생소원이 xxx에서 일하고 싶은 지원자 누구입니다.

본인의 장점과 단점

본인의 장점

1. 본인의 장점 3가지를 준비한다.

2. 자기 장점을 따로 준비해서 설명하지 않는다.

3. 면접관 질문에 대답하면서 중간에 자연스럽게 장점을 말한다.

본인의 단점

1. 인간은 누구나 단점을 가지고 있다.

2. 반사회적인 단점에 대해서는 금물

3. 누구나 수긍하는 단점과 극복하는 과정을 설명한다.

성장 계획

3년후 회사에서 본인의 모습(계획)

1. 단기적 목표, 난 3년후 회사에서 이런 사람이 되고 싶다.

2. 3년후 회사에서 이런 평가를 받는 사람이 되고 싶다.

10년후 회사에서 본인의 모습(계획)

1. 장기 목표, 10년뒤의 나의 모습(월급만 축내는 사람??)

2. 회사에서 꼭 붙잡고 싶은 사람이 되도록 노력

취미 & 특기

- 취미 특기는 인성면접시 10번 중 7~8번을 물어볼 정도로 중요
- 조직 적응력이 좋은가를 알아보는 테스트
- 가능한 색다른 취미 일수록 좋다.

ex 거리에서 버스킹을 할 정도로 노래를 잘한다.
매주 주말마다 동네 축구대표로 축구를 한다.
고등학교시절 야구동아리에서 시속 110km정도 던지는 투수
바둑이 아마 1단정도로 누구와 바둑을 둬도 지지 않는다.
어른들(면접관) 눈에 색다른 취미이지만 조직력을 향상하는데 도움이 되는지 판단(영화감상, 음악감상, 게임xxxxxx)

능력보다는 성실성, 진정성

- 대기업경우 조금 능력이 떨어진 인재라 하더라도 입사 후 훌륭한 교육시스템을 통해 능력있는 인재로 키울 수 있는 시스템이 있기 때문에 자신이 능력이 있다는 것을 절대 내세워서는 안 된다. 면접관은 대부분 임원들이기 때문에 입사지원자보다 훨씬 더 능력이 뛰어난 사람들이라 잘 못하면 번데기 앞에서 주름잡는 격이 된다.

- 개인 이력 질문에는 진실성있게 답하라. 조금이라도 개인기록에 남긴 사실과 다르게 말한다면 거짓말을 잘하는 사람으로 오해(특히 공백기간이 있거나 타직종 경력시)

겸손하고 밝은 모습을 보여라

- 면접관들은 지원자보다 나이도 많고, 지위도 높고, 학력도 분명 높을 것이다. 면접 동안 항상 겸손하고 긍정적인 사고 방식, 조직에 순응을 잘 할 것 같은 모습을 보여라. 어른들 눈에 얼마나 기특하게 보이겠는가? 인상이 좀 심각한 지원자보다 밝은 인상을 가진 지원자에게 눈길이 더 간다. 웃는 얼굴에 침 못 뱉는 다를 명심하라.

- 당장 부모님이나 동네어르신들앞에서 대화를 해보고 공손 정도가 어느 정도인지 여쭤봐라. 만약 좋은 평을 못받는다면 심각하다…

조직을 위해 헌신할 준비

대기업의 경우 지방근무, 해외발령 등이 비일비재하다. 면접 시 다른 사람들이 가기를 꺼리는 지방근무나 해외근무를 제안 할 것이고 지원자의 반응을 관찰 할 것이다. 가능한 어디든 가서 일할 준비가 되어 있다고 하라. 입사 합격 후, 몇 년 지나면 그런 말을 했는지 아무도 기억 못한다 그리고 입사 후 지방, 해외근무 가면 더 좋고… 입사 후 회사에서 남들이 꺼리는 일도 적극적으로 할 수 있다는 것을 대학 생활에서 비슷한 경험이 있다면 적극적으로 피력하라.

반드시 입사하고 싶다는 인상을 주어라(간절함)

면접일은 내 모든 자존심을 버리는 날이다. 말로만 입사하고 싶다는 표현보다. 면접관의 개별 질문에 성실히, 겸손하면서도 적극적으로 답하면서 입사에 절실한 인상을 보여라.

기술면접

- 기술면접은 주로 현업에서 발생하는 문제점을 가지고 나오는 경우와 기초지식에 대해서 물어보는 경우가 많다.
- 현업 문제점을 신입사원이 어떻게 정답을 내느냐가 중요하지 않고 문제를 푸는 접근방법, 논리적 전개를 통해 평가함을 명심하라.

모르는 것을 절대 아는 체 하지 마라

기술 면접질문에서 답을 모르면 절대 아는 체 하지 마라. 탈락의 지름길이다. 면접관은 대부분 박사급인력이거나 20년 넘는 현장경험을 가지고 있다. 면접관 입장에서 이런 사람은 입사 후에도 모르는 것을 아는 체해서 프로젝트를 말아먹을 사람으로 생각한다. 모르면 모른다고 하고 "열심히 다시 공부하겠습니다"라고 솔직히 말하고 새로 배울 자세가 있는 사람을 선호한다.

ex 어설프게 아는 전공지식일 경우 바로 꼬리 질문이 들어와서 탈탈 털린다.

자주 나오는 문제: p-n 접합 관련 문제, Hot Carrier

- 기술 면접 문제중 현업에서 발생하는 불량에 대해서 물어 볼 수 있다.
- 면접관은 이 질문에 정답을 원하지 않는다.
- 문제를 해결하고자 하는 접근 방식에 더 초점을 두고 면접자의 설명에 귀 기울일 것이다.
- 따라서 면접자는 어려운 문제에 당황하지 말고 그 문제에 관련된 가장 기초적인 지식부터 논리적으로 설명한다면 좋은 점수를 받을 수 있다.
- 즉 면접관이 "아, 이 친구 기본은 되어 있네!!" 이렇게 생각이 들게 만들면 된다. 따라서 반도체 관련 과목들을 평소에 충실히 공부하는 것이 좋다.

대답은 자신있고 간단 명료하게 한다. 약간은 우렁차게...

마지막 하고 싶은 말...(간절함)

마치며

정말 간절히 원한다면 면접에 최선을 다할 수 있다.

어른들 눈에 참 **성실**하고 **진실**성있고 **인사성 밝고, 기특한 면이** 있다는 한 모습을 보여라.

밝고 단정하고 건강한 모습을 보여라.

> 임원(인성)면접 관련 동영상은 www.ndsol.co.kr(검색창: 앤디솔) 접속 후 반도체 강의/최종인성면접 준비에서도 유료 시청 가능합니다.

수강후기 및 댓글

jy
세상 정말 좋아졌다는 생각이 듭니다. 이런 수준 높은 강의를 유튜브에서 볼 수가 있다니 정말 감사하고 또 감사합니다. 이해하지 못해 며칠 앓고 있던 내용을 이 강의를 보면서 한 번에 이해했습니다. 계속 감탄사가 저도 모르게 나옵니다.

택이
방구석에서 고급진 강의를 들을 수 있다니... 잘 봤습니다. 저희 교수님도 2번째 예시처럼 공핍층을 설명해주셔서 이해가 잘 안됐었는데 모든 궁금증이 다 풀리는 느낌이네요. 공핍층 영상 다 봤습니다. 감사합니다.

ㅋㄷㅋㄷ
삼성 임원이신 이유가 다 있군요!

이○○
면접 및 전공 공부에 정말 큰 도움이 됩니다. 이런 핵심 내용에 대한 강의를 더 올려 주시면 정말 감사하겠습니다.

최○○
전공책보다 이해가 잘 됩니다.

이○○
학부생 입장에서 너무 이해안가고 뜬구름 잡는 느낌으로 공부했었는데 면접 준비하러 들렸다가 정말 감탄하고 갑니다.

곽○○
전공수업에서는 쉽게 표현된 에너지갭으로만 배운체 넘어갔는데 강의를 통해 자세하게 알고나니 여태까지 배운 전공 심화 내용들이 어떤 원리로부터 오는지 모두 정리가 되었습니다. 감사합니다.

이○○

와! 정말 최고네요. 지식의 깊이가 느껴지네요.

D○○○○○

속시원한 강의 정말 감사합니다.